本書讚譽

「*UX* 相關書籍多如過江之鯽，但鮮少有作者敢挑戰整個 *UX* 範疇，
並且處理得這麼完善。這本書提供 *UX* 初學者寬闊的視野，
並且鼓勵他們深入挖掘這個富含無比熱情的領域。」

— *Jeff Gothelf*
《*Lean UX*》（O'Reilly）的作者

「*UX* 領域有太多東西要學，如果你才剛入門，
陡峭的學習曲線恐怕令人心生畏懼。

Joel Marsh 大幅縮短 *UX* 學習曲線，提供寶貴的實務經驗，
為你奠定 *UX* 設計的扎實基本功。」

— *Aarron Walter*
MailChimp 的研發副總，《*Designing for Emotion*》的作者

「使用者體驗的領域存在很多方法、素材與神話，
這本書以平易近人的風格，針對如何探索它的全貌，
提供大量的指導與說明。」

— *Jeff Sauro*
MeasuringU 的首席 UX 研究員與統計分析師

「*UX Crash Course* 是 *UX* 歷史上最讓人驚豔的事物。
真的不誇張。謝啦！*Joel*。」

— *Silvestre Tanenbaum*
有理想、有抱負的 UX 設計師

UX 從新手開始

UX for Beginners

Joel Marsh 著

Jose Marzan, Jr. 繪

楊仁和 譯

目錄

13. 給設計師的資料

14. 找份工作吧，你這個嬉皮

前言

這本書知行合一

一開始是電子報，逐漸成長為部落格，接著非常快速地廣為流傳，現在則蛻變成你手上的這個產品。這本書奠基於針對真實讀者所做的科學研究，當初，**UX** 業界的一些領頭羊皆參與審查－這一切，讓它更引人入勝且切合實用。在本書撰寫過程中，我們甚至蒐羅了網際網路上的種種反饋意見！

這本書因應許多人的需要而存在

（亦即，我的「使用者研究」找到了問題點。）

最初，這些課程源自於我的電子報，在我服務各個初創企業、知名大廠、內部產品團隊的過程中，一次又一次地被問及相同的 UX 基本問題，隨時隨地，於是乎，我決定為我的共事者們創建 *UX ProTips* 電子報。

每個星期，我會撰寫一篇簡短、有趣的課程，談一點簡單實用的 UX 觀念，再將它寄給公司同仁，這些傢伙都很忙，而且不是專家，我必須把東西弄得很有趣，才能夠冀望他們願意去瞭解他人的工作職責（我的啦）。

換言之，他們都是初學者。

起初，我頗擔心給人一種傲慢或叨擾的感覺，還好，大家都很喜歡！他們甚至開始問我問題，很快地，我便開始聽到我的答覆在客戶會議中被重述，公司以外的人開始表示有興趣，並且詢問要怎麼訂閱！

不久，我注意到在 UX 論壇裡，最普遍的問題竟然是「有什麼資料可以閱讀並且幫助我順利上手？」就這樣，我的 *ProTips* 電子報演變成部落格：*www.TheHipperElement. com*，而這個部落格的第一個大專案就是 *UX Crash Course*（UX 速成班），內含 31 堂關於 UX 概念的最基礎課程。2014 年 1 月時我每天發表一篇，反應熱烈且非常成功，遠遠超過預期，至今，UX Crash Course 的點閱數已破百萬，完全沒有花錢做廣告。

這本書的動機源自於那個部落格，還有，如果你想要進一步證實這本書確實有其需求，只要想想：我們竟然能夠使用《*UX for Beginners*》（UX 從新手開始）的書名，因為這個題名從未被使用過！而且，我們討論的是名列 2015 年全美最熱門職缺的一種職務！

適合的讀者

（亦即，我的「使用者基本資料」）

即使你還不明白我所謂的「UX」是什麼－其實就是 User eXperience 的縮寫－你確實找對門路，這本書專為三種人撰寫：想要成為設計師的非設計師、UX 設計師的管理者，以及負責其他職務但想要更加瞭解 UX 的人。

如果你不是設計師，這本書還真的是特別為你打造的。我的任務是，透過簡單的方式（真的很難得）教導一些基本功，以便孕育出更多的 UX 設計師。這不是一本關於「設計師思維」或「設計師精神」的書籍，而是一套教導應該如何動手做的實務經驗；如何在新職務上扮演一位**稱職的** *UX* 設計師。如果你是學生、實習人員或剛畢業的職場新鮮人，並且覺得「**實際**」從事 UX 工作有點嚇人，那麼，歡迎加入，我們需要你。

如果你是 UX 設計師的管理者，不管你本身是設計師，或者有權指揮團隊裡的設計師，你花越多時間**管理**設計，就越沒時間從事設計，所以，必要的進修課程總是有用的，尤其是像這種既輕鬆又有趣的課程。然而，更重要的是，擔任管理者也意味著你必須**教導** *UX*，而這本書也是針對

這個理由而撰寫的。請使用它作為參考資料，或者作為開啟團隊之 UX 對話的機制。有時候，一本支持你、給你力量的好書是最寶貴的。

最後，你可能擁有一些相關經驗，像是編程、專案管理或行銷業務，但現在需要更深入瞭解 UX 設計，請務必瞭解 UX 是所有數位產品與服務的核心元素！這本書提供很好的機會，讓你踏出第一步，知行合一，深入 UX 的核心觀念，同時學習如何將它們付諸實現。如果你胸懷壯志，想在未來切入設計相關的職務，那就太棒了！

本書結構

（亦即，這本書的「資訊架構」）

這本書包含 100 堂課，分成幾個部分，大致遵循真實專案的實際 UX 流程。因此，如果你目前正在從事第一份 UX 職務，那就開始好好閱讀，你會依稀感受到我們正在攜手合作、並肩作戰。還有，盡量別因為我的笑話而笑得太大聲，人們會以為你是個神經病或怪咖。

在這本書中，你不會找到任何冗長的案例研究、複雜的圖表，或者試圖「深入」研究特定主題的章節，這本書的目的在於快速介紹 UX 設計實務，每一堂課都很精簡、很有趣，而且切中要點。

雖然精簡，這本書涵蓋**大量**資訊，可能不是包山包海，但確實引進豐富的內容。我特別聚焦在*初學者*必須瞭解的事情，因此，更進階的觀念，像是迭代發展、「精實」與「敏捷」程序、情境設計、設計批評，或可及性之類的題材並不會詳細被介紹，那些東西比較適合經驗更豐富的設計師研讀，你可以透過 Google 搜尋那些題材，或者閱讀 O'Reilly 針對那些主題所提供的精彩好書。

這 100 堂課都是獨立且自我完備的：想要的話，你可以不按順序自由選讀。如果有某個主題是你特別想瞭解的，或者想要放在書桌上隨時參考，那就放心去做吧！另外，邊喝咖啡邊閱讀，也是一件相當享受的事情。

這些課堂被分為 14 個部分：

- 第一個部分稱作**核心觀念**，你將學到一些基本概念。UX 設計有時可能違反直覺，許多「常識」會將你帶往錯誤的方向，如果你以前從未做過設計，花點時間閱讀這裡的每一堂課，在繼續往下走之前，好好思考琢磨一下。

- 第二個部分稱作**開始之前**，你將學到一些實用的東西，幫助你為稍後的程序與對話預作準備。如果你在大公司服務，若是跳過這些元件，恐怕會自食惡果，自討苦吃。

- 在**行為基礎、使用者研究**及**心智的極限**這幾個部分中，你會學到一些基礎知識，理解人類如何與為何做某些事情，以及怎麼調查使用者何時會做出一些你未預期的事情。

- **資訊架構與設計行為**的部分開始結合前面幾個部分的基本觀念，並且將它們轉化成你的**設計技藝**，UX 設計的程序與科學，對許多人來說，那可能是全新的設計思維。

接著，你開始進行實際的設計工作：

- 在這本書中，**視覺設計原則**被安排在**線框圖與原型**之前，因為製作良好的線框圖－UX 設計師的主要文件－需要理解設計是如何運作的，而不只是它的外觀和樣貌。在瞭解設計的尺寸、顏色和布局如何影響使用者之後，你將學習如何製作及**不製作**線框圖。

- 在**可用性心理學**與**內容**的部分中，你會學習如何讓你的設計感覺起來更輕鬆、更具說服力，好讓更多人可以妥善利用它們。

- **關鍵時刻**是至關重要的：發佈。

- 在發佈之後，優秀的 UX 設計師會量測他們的設計在現實世界的運作情形，以及真實使用者的操作狀況，你會在名為**給設計師的資料**的這個部分瞭解這件事。別擔心，這裡沒有任何方程式或公式…主要就是一些圖片。

- 最後，在**找份工作，你這個嬉皮**中，你會學到哪種 UX 角色最適合你、什麼組合最合你的脾胃，以及第一份設計職務主要都在忙些什麼。

我們甚至加入一些驚人的插圖，使它看起來更栩栩如生、更容易理解、更活潑有趣，而且，每個偉大的作家都需要一些橡皮鴨，才能夠把他們的論點述說清楚。無庸置疑。

「我總是包含一些橡皮鴨，總是。」—海明威

本書的主要目標

就像良好的 UX 專案，這本書具有兩個目標：

- 培養更多 UX 設計師
- 讓我成為百萬富翁

換言之，即為**使用者目標**與**商業目標**。

然而：

只有在成功完成目標 # 1 時，我才能夠達到目標 # 2。我越能夠把你們變成卓越的 UX 設計師，你們就越會跟其他人分享及討論這本書，進而產生更多 UX 設計師，並且提供更充沛的資金，讓我在後院設置一個駱馬農場。

每一個設計師的夢想，對吧？

因此，假如我真的想要開拓百萬美元的駱馬王國，就必須利用這本書為你們提供絕佳的閱讀經驗。成功就雙贏，失敗便雙輸，那就是 UX 的基本運作方式，有些人稱之為「同理心」，但我認為那純粹就是產品設計的運作方式。

如果你覺得這本書有任何可以改善的地方，或者，你想要述說這本書如何幫助你成為優秀設計師的動人故事，請在 Twitter 上告訴我：*@HipperElement*。

最後，如果你喜歡這本書，請不吝跟他人分享，畢竟，這些駱馬也是要吃東西的。

請盡情享用吧！

致謝

若是沒有 UX 社群、那些最好奇的學生、最有天分的實習人員，以及過去十年來所有的共事者，就沒有這本書的誕生，他們的問題、反饋、興趣，和普遍缺乏的注意廣度（哈哈）全都匯集在這本書，以及它的相關資料中。

感謝我的女朋友，Camilla，謝謝她照顧我的每一個早晨，讓我在每天起床後撰寫 UX Crash Course 時完全沒有後顧之憂（也因此幾乎沒跟她說什麼話）。還要感謝我的朋友們，謝謝他們在我開始寫下「在我的部落格上…」或「在我的書中…」時，沒有翻白眼，真的非常給面子。

最後，還要感謝實際花費大量時間、努力成為優秀 UX 設計師的每個人（任何人），不論你是否已經有所斬獲。切記，千里之行，始於足下。

朋友們，自己的未來自己救。

1

核心觀念

什麼是 UX ?

教育最好從一開始做起。

凡事皆有使用者體驗，你的任務不是要創造使用者體驗，而是要讓它變「好」。

所謂「好」的使用者體驗是什麼？一般認為，良好的使用者體驗是讓使用者快樂的操作體驗。

非也！

如果快樂是唯一的目標，你大可添加一些可愛的貓咪圖片，隨機附上一些問候語，接著收工回家看電視，然而－雖然那不是我能夠想像的最糟糕狀況－你的老闆可能不滿意這樣的結果。UX 設計師的目標是讓使用者有效地完成工作。

使用者體驗只是冰山一角：

很多人誤以為 "UX" 意味著「使用者的體驗」，但它實際上關乎「做」使用者體驗設計（User Experience Design）的程序。使用者的個人體驗是他們對你的 app 或網站所覺知的主觀意見，使用者的反饋意見相當重要－有時候－但 UX 設計師需要注意的不只如此。

「做」UX

UX Design（有時也稱作 UXD）涉及的流程非常類似從事科學工作：你透過研究瞭解使用者，發展滿足使用者需求的構想－以及商業需求－你在現實世界中建構及量測那些解決方案，看看它們是否行得通。

你會在這本書中瞭解所有這些東西，或者，如果那不是你的重點，可愛貓咪圖片仍不失為一種好選擇。

UX 的五大成分

使用者體驗設計是一種流程,而這些課程大致按照那個程序,然而,你應該時刻牢記這五件事:心理學、可用性、設計、文案撰寫和分析。

這五個成分的每一個皆可以專書論述,所以我會稍微過度簡化,畢竟,這是速成班,而非 Wikipedia。

然而,平心而論,我很肯定,撰寫 *Wikipedia* 之 *UX* 頁面的人必然曾經聽聞過 UX⋯在某個時刻⋯。

1. 心理學

使用者的心態頗為複雜,你應該明白;你也是其中之一(我假設)。UX 設計師帶著許多主觀與感情在工作;這些東西可以成就你的產品,也可以破壞你的成果。有時候,設計師必須忽略自己的心理感受,那可是一件相當困難的事情!

問你自己:

— 使用者一開始來到這裡的動機是什麼?

— 這讓他們感覺如何?

— 使用者必須做多少工作才能得到他們想要的東西?

— 如果他們一遍又一遍地這樣做,會養成什麼習慣?

— 當他們點擊這個東西時,會有什麼期待?

— 你是否假設他們知道他們還不曉得的事情?

— 這是他們想要再做的事情嗎?為什麼?多常做?

— 你想到的是使用者或你自己的欲求和需求?

— 你如何獎勵良好的行為?

2. 可用性

如果使用者心理主要是下意識的，可用性基本上是有意識的，你知道事情何時令人困惑。在一些情況下，某些事情如果有難度的話會比較有趣－像是遊戲－然而，對其他事情來說，我們希望它很容易，連白痴也會用。

問你自己：

— 能否利用較少的使用者輸入就可以完成工作？

— 有任何使用者錯誤是你可以防止的嗎？（暗示：肯定有。）

— 既清楚又直接，還是有點聰明過頭？

— 很容易找到（好）、很不容易錯過（更好），或者自然而然就會如你預期的那樣做（最好）？

— 運作方式符合或違反使用者的假設嗎？

— 已經提供使用者需要知道的一切嗎？

— 透過比較普遍的做法也能夠解決這件事情嗎？

— 你的決策奠基於你自己的邏輯或分類，或者是使用者的直覺？你怎麼知道？

— 如果使用者未仔細閱讀說明文字，還是行得通嗎？還是符合常理嗎？

3. 設計

身為 UX 設計師，你對「設計」的定義會遠比許多其他設計師不具藝術性，你是否「喜歡它」並不要緊，在 UX 領域中，設計關乎如何運作，並且是能夠證明的東西；它不是風格或樣式的問題。

問你自己：

— 使用者覺得它看起來不錯？並且立刻獲得使用者的信任？

— 無須文字即可清楚地傳達目的與功能？

— 表現品牌的風格？感覺有符合整個網站的風格？

— 你的設計能夠將使用者的眼光引導到正確的地方？怎麼知道？

— 顏色、形狀和排版有助於人們找到他們想要的東西，並且提高細部的可用性？

— 可點擊的東西看起來跟不可點擊的東西不同嗎？

4. 文案撰寫

在撰寫品牌文案（文字）與撰寫 UX 文案之間存在著巨大的差異，品牌文案支持公司的形象與價值，UX 文案盡可能直接且簡單地將操作體驗描述清楚。

問你自己：

— 內容明確且自信，清楚地告訴使用者要怎麼做？

— 鼓勵使用者完成他們的目標？那是我們想要的嗎？

— 花最多的篇幅在最重要的內容嗎？為什麼不是？

— 告知使用者，或者假設他們已經明白？

— 減少使用者的焦慮感？

— 清楚、直接、簡單且實用？

5. 分析

在我看來，大多數設計師的弱點是分析，但是，我們可以修正這個問題！分析是區別 UX 設計與其他設計的主要因素，它讓你非常有價值。精通這項工作，確實有它的價值。

那麼，問你自己：

— 你有利用資料去證明你是對的，或者去瞭解真相嗎？

— 你在尋求主觀意見或客觀事實？

— 你已經收集可以提供你那類答案的資訊嗎？

— 你知道使用者為什麼那樣做，或者你在解讀他們的行為？

— 你看的是絕對的數字，還是相對的改善？

— 你會如何衡量這件事？你測量的是正確的東西嗎？

— 你是否也在尋找壞的結果？何不呢？

— 你如何利用這個分析進行改善？

你的觀點

在 UX 設計中，你看待問題的方式能夠成就你的作品，也可以毀壞你的成果，甚至，你自己的欲求和經驗可能跟使用者相衝突。

知己知彼

在開始仔細瞭解使用者之前，還有兩件關於你自己的事情必須知道：

- 你想要對使用者不重要的東西。
- 你知道對使用者不重要的事情。

冥想一分鐘。

合十，頂禮。

同理心：想要他們想要的東西

在 UX 中，如果有哪個字被低估，那就是「同理心」。然而，它是非常重要的，在一般情況下，這是毫無疑問的。

不過，這裡有個祕密：除非是殺人魔，否則一定具有同理心。如果你是連續殺人魔，UX 設計可能不適合你，基本上，你想要的東西可能不是使用者想要的。而且，這可是一件大事，那表示，你對使用者的直覺可能有誤！

做研究、跟使用者交流、分析資料、擁抱小狗，當你真正瞭解某個問題時，在情感上，它就會變成你的問題，那就是同理心。你會有感覺，良好的解決方案會讓你開心不已，並不是因為你的感情超級豐富，而是因為你與使用者產生緊密的關聯。

你現在也是使用者之一。

* 一滴眼淚 *

問你自己：

- 如果你必須在「為使用者準備功能」與「為你的作品集增添設計」之間做選擇，你會怎麼做？
- 如果使用者不喜歡你的設計，什麼是可能的原因？
- 你實際試用過軟體，或者只是不斷點擊「下一步」，走馬看花？

你知道太多

針對知道得比你少的人們做設計，這是 UX 的核心。

沒有誰比你笨，只是知道的沒你多。

你知道你的網站如果經過客製化就會變得更強大，但使用者不知道。你知道你的選單分類與公司各個團隊相匹配，但使用者不知道。你知道因為授權費讓你的內容昂貴，致使你的價格居高不下，但使用者不知道。

如果不知道，使用者就不在乎，有時即使知道，他們還是不在乎！授權費？那是你家的事，他們巴不得有免費的盜版軟體可以使用。

問你自己：

- 如果不讀文字，你能夠明白嗎？

- 如果只需幾次點擊，使用者就能夠找到他們想要的東西，這樣的設計會不會是你的最佳選擇？

- 判斷某個功能是否奠基於建構所需的時間或對使用者的價值？

- 你假設只因為它存在，使用者就會點擊它？（才怪）

使用者觀點的三個 "What"

啊，終於！討論使用者心態的時間到了，從基礎開始建構總是一件好事。

好設計傳達三件事：

1. 這是什麼？

2. 使用者的利益為何？

3. 他們接下來應該做什麼？

「這是什麼？」

有標題或／與圖像可以回答這個問題（「這是什麼？」）總是一個好主意，似乎很基本，對吧？然而，非常驚人地，許多網站忘記這件事，為什麼？因為我們了然於胸，但使用者不瞭解，它是文章？報名表？檸檬愛好者的派對？看山羊的地方？你家沙鼠的 YouTube 秘密頻道？

告訴他們，直接說，並且使用簡單的文字，沒有人喜歡在派對上猛翻字典，尤其是檸檬派對。

「裡頭有什麼好康？」

這是使用者體驗的「為什麼」，以及使用者可以得到什麼？

最好讓使用者看到他們會得到什麼，而不是告訴他們，你可以透過視頻、演示、範例圖像、免費試用、樣本內容、用戶見證，開箱文或類似的東西！

「這是什麼？」的最佳答案還可以稍微透漏你會得到什麼，例如，「全球自大狂聯合會協力擎天，征服世界，並且分享有趣的貓咪圖片。」這句話告訴你究竟是怎麼回事，以及你會得到什麼（假設你是愛貓的自大狂）。

記 住

你正在描述裡頭有什麼好康的，而不是你為什麼想要他們註冊／購買／點擊。

使用者動機的價值超過美觀或可用性一千倍－對公司來說－但你在作業時會花多少時間討論它呢？

「我要做什麼？」

如果使用者理解目前的狀況，並且被鼓勵去瞭解更多，那麼在你的設計中，他們的下一個動作應該是很明顯的。

可能是一些小事，像是「我現在點擊的是什麼？」或「如何註冊？」

也可能是較大的事情，像是「如何入門？」、「如何購買？」或「如何得到更多訓練？」

通常有「下一步」，有時候也包含幾種可能性，由你來決定及釐清使用者可能需要什麼，並且告訴他們如何得到。

解法 vs. 想法

UX 設計師天天都得有創意，但是，相較於其他設計師，我們所謂的創造力顯得不是那麼具有藝術性，但更具分析性。如果你不是在解決問題，就不是在做 UX 設計。

各種設計師都必須處理想法，好構想不可多得！

想法五花八門、形形色色，有些是我們想要製作的東西，譬如說，魚形巧克力蛋奶酥（「我喜歡這兩種玩意！組合起來一定很有意思！」）；有些對個人具有特殊意義，例如，紀念心愛倉鼠寵物（名叫 Chewy）的刺青，求主垂憫，願它安息；有些則是問題的解決方案，那正是 UX 的內涵。

解決方案是對其他人有意義的想法。

不像大多數藝術家與設計師，UX 設計師不聚焦在只對自己有意義的想法上，你應當非常注重創造力，但如果你的想法對其他人（使用者）沒意義，那麼，它對你也同樣沒意義。

這表示，你必須花很多時間瞭解對你沒意義的問題，一開始感覺上可能不大自然，那就是 UX 這項工作為何如此獨特且有價值的原因：相當棘手的工作。

解決方案是可能有誤的想法。

在 UX 中，我們可以做測試。我們可以針對同樣的問題設計多個解決方案，看看哪一個比較好，而且，我們可以詢問使用者比較喜歡哪一個解法。

這表示，UX 是特殊類型的設計：它可以是**錯誤**的，而且，我們可以**證明**它是錯的。

另外，同樣的解法可能適用某個網站，但不適合另一個網站！只因為 Twitter 這樣做，但並不表示你也適合這樣做。

R.I.P. CHEWY

提升 UX 效用的金字塔

UX 不僅僅是按鈕與線框圖，表面上的東西只是冰山一角，最重要的東西是完全看不到的。

身為 UX 設計師，你的任務是**創造價值**－從使用者的觀點來看。UX 流程的某些部分會比其他部分產生更多價值。請善用你的時間。貫穿本書，你將瞭解這個金字塔的每一個部分。現在，你只需明白，金字塔的底部（最大的幾個分層）若是被忽略，那可是會毀了你的產品，而且這些東西往往是看不見的。然而，不管你花了多少時間，金字塔的頂部（最小的幾個分層）可能不會為你的產品增添什麼價值，而且，這些東西通常是可見的。

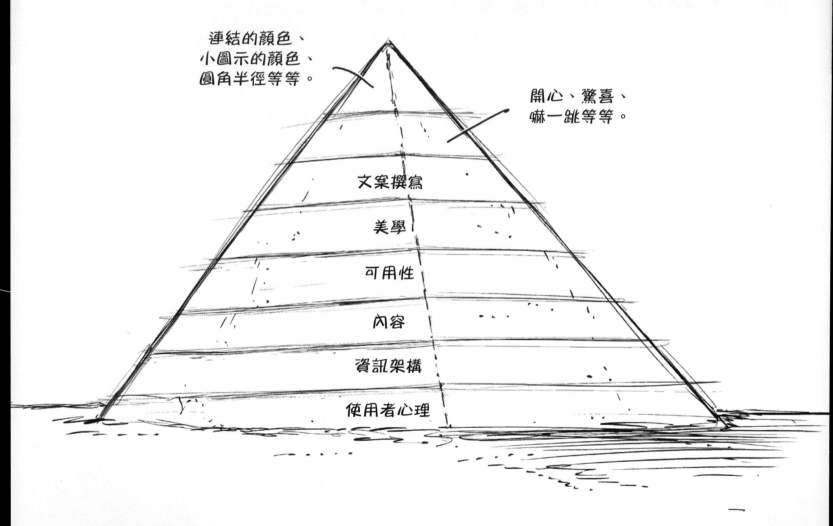

連結的顏色、
小圖示的顏色、
圓角半徑等等。

開心、驚喜、
嚇一跳等等。

文案撰寫

美學

可用性

內容

資訊架構

使用者心理

2

開始之前

使用者目標和商業目標

在展開新的 UX 專案時（在設計任何東西之前），必須先瞭解你的目標：使用者目標和商業目標都要考慮，身為成功的 UX 設計師，這是最重要的事情。

使用者目標

使用者總是想要某個東西，因為凡人皆如此，無論是在 Facebook 上窺視前夫或前妻的動態、試圖在約會網站上找到「下一個」無緣的人，或者在 YouTube 上尋找打噴嚏的熊貓，他們總是具有某種意圖。

他們也可能想要做點什麼有生產力的事情（我是這樣被告知啦），從第 47 頁開始，有一大段內容在談論使用者研究，現在，先假設你知道那些東西。

商業目標

每個組織基本上都有很好的理由建立網站或 app，通常是為了錢，也可能是打品牌，或者為社群招募新血等等。

特定類型的商業目標很重要，如果你想要展示更多廣告，你的 UX 策略會大大不同於「你想要透過社群媒體販售或推銷產品的情況」。

這些東西通常被商業人士稱作「統計數據」（metrics）或「關鍵績效指標」（Key Performance Indicators，KPI）。

統合各個目標

UX 設計師的真正考驗是如何妥善統合那些目標，兼顧商業利益與使用者目標（而非背道而馳！）

YouTube 透過廣告賺錢，而使用者想要找到好影片，因此，影片夾帶廣告或在同一個頁面上投廣告固然合理，但更重要的是，很容易搜尋影片及發掘類似影片將促使用戶觀看更多影片，進而讓 YouTube 賺更多錢。

如果各個目標無法統合，就會面臨兩個問題：不是使用者得到想要的東西，卻沒有幫助企業獲利（用戶雖多，但企業不成功），就是使用者根本得不到想要的東西（沒有用戶，企業也不成功）。

如果 YouTube 逼你每隔 30 秒看一段 30 分鐘的廣告，我保證，它很快就會死得很難看，沒人有時間，更沒人受得了，但幾秒鐘的廣告就無傷大雅，為了打噴嚏的可愛熊貓，這只是小小的甜蜜負荷。

UX 是一種流程

每家公司不同，每個團隊不同，而且每個設計師也不一樣，所以，有必要好好弄清楚你們是怎麼工作的。

當人們談論設計時，你經常會聽到「流程」這個名詞，甚至在這本書裡也會出現好幾次。

我經常說這樣的話，「UX 必須在流程早期開始」，或者「科學化流程不容許壞想法存活下來」，或者「我正透過 Photoshop 的流程把老闆的頭接到阿諾·史瓦辛格的身體」。

所以，你必須以*流程*的觀點理解 UX。

UX 不是事件或任務

如果你聽到有人把 UX 說成像是一次性事件，或某個時刻，或是某人必須做的任務，請儘管打斷他，那是不對的。

UX 設計師並不是「做 UX 部分的那個人」，那就好比說，水只是飲料當中那個「濕」的部分。

缺乏 UX 流程，就會有*不良*的 UX。基本上，「沒有 UX」是不可能的，產品再低劣，使用者還是會有某種操作體驗。

一肚子火的操作體驗也是操作體驗。

你必須涉足幾個地方很多次，才能設計及維護良好的使用者體驗。

公司也有流程

UX 設計師的流程讓你收集需要的資訊、研究使用者、設計及確保解決方案正確被實作，並且量測結果。

然而，跟你合作的公司也有完成整個專案的流程。

UX 設計師被包含在該流程中，伴隨著程式人員、專案經理、其他設計師、策略專家、商業人士、各階層的管理者與經理人等等。

在新專案開始或者接獲新任務時，總是要瞭解公司期望你如何融入它的「生產機器」中，並且盡量尊重整體的運作方式。

總是質疑流程

你的流程和公司的流程有個共通點：總是能夠持續改善。

就某些改善而言，說比做容易，但一般而言，UX 是新的領域，因此，你很可能需要釐清哪裡應該考慮 UX，而不只是配合公司的預期。

如果你是公司裡頭負責 UX 的第一人，你必須跟同事們與經理們好好討論，越早將 UX 納入產品流程越好。

如果你只是一大群 UX 設計師當中的一個，好好跟大家討論，弄清楚他們認為流程應該如何改善，以及你在哪裡最有價值。

而且，如果流程只是讓你的生活淪為人間煉獄－譬如說，他們希望你徹底運用名為「衝刺」（sprint）的邪惡事物－那麼，請勇敢拒絕，說出你的難處！或許有更好的方式存在。

如果公司的流程強迫你做不好的工作，那個流程可能不適合 UX。

說清楚，講明白！

（記住：如果你修正流程，但做的還是不好的工作，問題可能不在於流程。）

收集需求

在 UX 中，你越瞭解不能夠做什麼以及必須做什麼，你的最終設計就會越理想。

在許多設計類型中，流程的部分是為了尋求靈感，並且產生諸多想法。Mood board（情緒收集板）、Photography（攝影術）與 Hallucinogens（致幻劑）都有人利用。藝術創作的一部分是要以自由度與可能性來滋養你的心靈。

但那並不是問題解決（problem-solving）的運作方式。

身為 UX 設計師，最巧妙的創意將來自於：你透過研究問題所確認下來的限制和約束。

當那些限制來自於你自己的同事和先前的工作，我們稱之為「需求」（requirements）。

需求保護你免於錯誤

在實際的 UX 工作中，你的設計會影響公司的其他單位：銷售團隊、程式人員、高階主管等等。

總是要跟每一個「利害關係人」（stakeholder）好好討論一下－這些重要人士來自於受到該設計影響的各個單位。

好好收集可以解決的問題、不能改變的事實，或者必須被涵蓋的技術性事項。

銷售團隊有必須銷售的產品，程式人員可能有難以更動的程式碼，高階主管有必須遵循的長期目標，清潔人員…嗯，他們可能不受你的設計影響，不過，只要你不把蠻牛的空瓶四處亂丟，即可減少他們的工作負擔。噗！

透過與利害關係人溝通，可以避免浪費時間與金錢，另外，你的辦公桌在夏天時也不會有那麼多蒼蠅。

你現在是 UX 設計師；其他人的需求就是你的需求。

別向利害關係人詢問解法或希望

小心，別把「需求」與「期望」搞混。

當有人說**需要**某個東西時，問他為什麼，如果答案關乎其他人的意見或期望，請繼續追問下去。

有時候，公司不斷在執行一些壞想法，因為每個人都以為事情只能這樣，那可能不是真的。有時候，他們增添了許多不必要的功能，因為沒有人說「不」。

建立共識

UX 設計師經常發現自己處在每一件事情與每一個人的中間，因此，你應該準備好去說服一整個房間的人，倡言你的設計正確無誤，讓大家有充分的理由好好支持它。

在前一課中，我們學到從公司的重要人士那裡收集需求。

然而，你也必須把自己的資訊帶進討論中。其他人可能不同意你的設計，而且，如果你的論點不能夠充分支持它，憑什麼要人家相信你？

身為 UX 設計師，在動手設計**之前**，必須有充分的理由支持你的設計，必須能夠捍衛你的選擇與論點。

你可能必須**證明**你是對的！

瞭解你所用的方法

好的研究、好的理論與好的資料深具說服力。透過仔細研究，充分瞭解使用者及他們的問題和目標，並且花時間對利害關係人解釋他們不瞭解的重要想法，幫助大家建立共識。

當某事偏於主觀時，務必建議大家做實驗來驗證，你會在下一堂課〈心理 vs. 文化〉，學到更多東西。

知之為知之，不知為不知，是知也。

關於 UX，千萬別撒謊。

如果你不知道問題的答案，就承認吧！並且承諾你會把它弄清楚。

UX 沒有廢話的餘地。

UX 經常被誤解，而且，如果你的廢話最後被證明是假的，其他人會嚴正地給你一些顏色瞧瞧（絕非好事）。

針對 UX 撒謊，最後只會讓大家灰頭土臉。你的觀點未必比別人好，請好好確認你的資訊正確無誤。

3

行為基礎

心理 vs. 文化

人類行為的某些部分是可預見的,有些則否。在這一課中,我想要介紹一個「兩部分」的模型,幫助你瞭解你能夠控制什麼,不能夠控制什麼。

心理

大家生來都有大腦(或大或小),細節略有差異,但整體而言,都是相同的機器。

我們都會感到快樂和悲傷,都希望被尊重,我們都可以學騎腳踏車,都會後悔前一天不應該喝那麼多。舉例來說,Pinterest.com 奠基於收集喜好之物的心理學原則,那是人性的共通點。

從這個層面來看,人同此心,心同此理,本書所教導的東西大多關乎心理學,你可以在你的設計中預測及使用這類行為。

然而,其中的差異也很有用。

文化

打從出生之後,我們的大腦經歷了非常不一樣的旅程,你可能是東方人、西方人、攀登過珠穆朗瑪峰的基督教科學派、整天觀看怪物卡車視頻的無神論藝術家。

例如:每個人都覺得需要正義,但某個人可能反對廢除死刑,另一個人可能贊成。或者,繼續我們的 Pinterest 範例:「收集喜愛之物」可能是放諸四海皆準的人性共通點,但收集什麼確實是高度個人化的。Pinterest 花了很多心血,為每一個使用者尋找有趣的主題,無論是**介面**、**建築**或**毛茸茸的蓬鬆小雞**。

就這個觀點來看,每個人的文化都不一樣。具有類似經歷與個性的人們具有類似的文化,然而,在個人層面上,文化幾乎可以是任何事情。

實際的差異

心理因素－就像收集喜歡的東西－會隨著你邁向「最佳」功能性（完美的功能）而變得更聚焦，其目的通常較為一般化，但對整體的影響卻是最大的。

文化因素－就像你感興趣的主題－會隨著使用者越來越想要個人化或分類事物而擴展。它們不能被最佳化，只能被客製化，其目的更詳細，但也更多元。你的蓬鬆小雞收集可能永無止境！很蓬鬆、有點蓬鬆、又黃又蓬鬆、不那麼蓬鬆…

記住這些想法，因為，貫穿全書，我們會依此建立行為模式。

什麼是使用者心理學？

當用戶使用你的設計時，能夠在他們心中發生的一切都很重要，有些事情出現在那之前，有些在那之後。

等等……暫停一下，談談一般心理學。

一下就好。

不管討論的是約會心理學、消費者心理學或浴室心理學（這門課在研究所不大熱門），你們談論的都還是與生俱來的那顆大腦。

在此，並沒有什麼是特別針對「使用者」的。

UX 設計能夠以多種可預見的方式影響大腦，你即將學到：就設計而言，你的大腦是全然務實的。不講故事，除非很重要；不談哲學，因為那並非我的切入點；也無關佛洛伊德，因為古柯鹼現在可不是什麼「最佳實務」。

這只是一些你可以運用的東西。

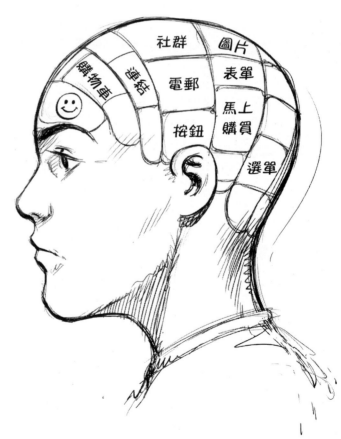

我們為什麼需要使用者心理學？

答案：偉大的 UX 設計師不可能不懂使用者心理。

在實務上，*UX 設計師*耗費心力幫助人們解決問題，換言之，讓他們感覺、思考、做某些事情－刻意地。因此，越是瞭解使用者的感受、想法和行動，你就是越棒的設計師。

瞭解心理學，讓你能夠回答人們為何願意「分享」之類的問題。或者，為什麼不每次都選擇最便宜的選項？又或者，在 Dribbble 上被按 200 個讚的設計，實際上為什麼糟透了？

（沒錯，有可能。事實上，還很常見呢！）

答案可能不是你想的那樣！你的直覺總是呼嚨你（第 33 課會說明），有時候，相同設計在不同人眼中看起來大異其趣（你也會學到這一點）。而有些事情看似非常個人化，實際上卻是普遍的人類行為。怎麼回事？你也會學到這一點。

什麼是經驗？

關於哲學上的「經驗」，可能有永遠談不完的話題，但我沒資格教你哲學，所以我不會這麼做。在 UX 中，我們需要務實的答案。

貫穿本書，關於經驗或體驗，總共分成六大部分：

1. 使用者感覺到什麼

在 UX 論壇中，這是新手設計師最常討論的事情，讓使用者「快樂」、問他們「喜歡」什麼、讓使用者大聲說「哇！」。使用者有感覺，而且感覺很有用，但它們只是一小部分的體驗。關於感覺，好處是我們可以從使用者的臉上看到，使用者能夠表露他們的感覺，我們可以衡量、關聯它們，所以感覺很容易研究。

2. 使用者想要什麼

這一點更重要，但使用者不大容易描述。使用者點擊、選擇、購買，甚至看到及聽到的一切，皆取決於他們想要什麼。「如果你是鐵錘，一切看起來都像釘子。」而且，如果你改變他們看待狀況的方式，有時候，他們會想要不一樣的東西。

3. 使用者在想什麼

將「想」視為使用者背負的某個東西（像是磚頭）是很有幫助的，心理學家可能稱之為認知負荷（cognitive load）。每當你讓使用者釐清某事、閱讀超過一句指令、學習新功能、找尋合適的連結，或者一次做兩件事，那麼，就像是要他們背負另一塊磚頭。多數人一次只能攜帶幾塊磚頭，如果你丟太多給他們，他們只會撒手不管。

4. 使用者相信什麼

「相信」是弔詭的，然而，人們相信某事的理由並不難預測，那就是你之前為何要學習心理 vs. 文化的原因。更重要的是，可以想像，你的直覺必定存在著多數人不知道的缺陷，如果你瞭解（你會瞭解的）這些缺陷，它會讓你預測人們即將相信什麼－在他們相信之前。

5. 使用者記住什麼

諷刺的是，幾乎所有設計師都忘記這一點。人類記不住影片之類的東西，記憶容易發生錯誤。我們只記得特定的部分，隨著時間推移，我們扭曲或曲解記憶，有時甚至無中生有！你的設計能夠決定要讓人們記得哪些部分、忘掉哪些部分。

6. 使用者**不瞭解**什麼

啊，是的，這是優良 UX 設計師與一般線框圖製作者的差別。大部分的日常經驗不會吸引我們的注意，你一直在呼吸，但現在才刻意去察覺。周遭噪音不斷，但只有在靜心觀照下才能聽聞。你覺得思緒紛飛，接著，某個地方癢…。喔，天呀，真的很癢…。

UX 設計師也必須設計使用者永遠不會注意、不可能給你反饋意見、或許永遠不會記住的東西，像是資訊架構（後面將另闢專章討論）與捷思評估法（heuristics，使用者行為模型）。然而，那其實是好事情！不幸地，沒有客戶會在會議中給你掌聲，因為他們並不會看到你的心血。設計元素會改變使用者的行為，但資料只能夠告訴你情況如何。

意識經驗 vs. 潛意識經驗

在現實生活中，你的大腦只把注意力集中在周遭的小世界，不然，你會被大量資訊給淹沒，這一課讓你對嚴重的後果取得基本的認識。

意識經驗

你可能聽到 UX 人員在討論所謂的「愉快」，基本上，那是設計的藝術，讓使用者大聲說「哇」！

關於創造「愉快」，有一件事情必須是真真切切的：使用者必須覺察它，有意識地。Daniel Kahneman，贏得諾貝爾獎的心理學家 *，說我們的理智就像是「自以為是主角並且經常搞不清狀況的配角。」

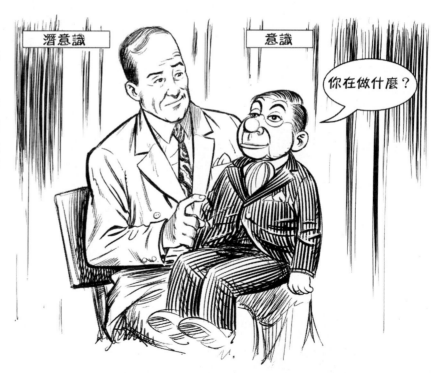

---

* Daniel Kahneman，2002 年諾貝爾經濟學獎得主。

聽起來像 Kanye West 和 Kim Kardashians* 的情況，不是嗎？

你的意識體驗可能感覺起來就像是完整體驗，但實際上只是一小部分，無論如何，它還是很重要的，因為它讓人們分享、按讚、評論、下載和註冊。YouTube 影片到最後通常明確地要求你訂閱，因為你可能不自覺地會想到這樣做。

潛意識體驗

潛意識體驗似乎「就在那裡」，它是決定我們要信任什麼、相信什麼，以及怎樣做最輕鬆的機制。

從來沒有特定時刻讓你「決定」信任某個網站或 app，事情自然而然就發生了，而且，使用者只有在他們預期事情更困難時，才會注意到你的表單設計真的很容易，否則，他們可能連提都不會提，事情容易似乎是應該的。

這是潛意識設計。

如果希望使用者信任或理解，你的設計在感覺上必須值得信賴或顯而易見。如果沒有的話，你可以盡量增添愉悅感，多多少少會有些作用，例如，可用性讓你的設計在精神上沒有負擔。當然，你還是能夠看到，但使用者越是覺察你的表單設計，操作體驗就越不好。它感覺上應該是自動的，而你的表單設計或文案撰寫弄得越精巧，就越少人會完成表格。

---

* 高調談戀愛、高調辦婚禮、高調登上美國版《VOGUE》封面的著名時尚夫妻檔，結婚 58 天即閃離。

情感

我們已經到達心理學的核心元素之一，這個部分放大或縮小你的瞳孔，讓你熱淚盈眶，笑容滿面，五味雜陳。

關於情緒，**心理學家**之間有很多爭論，我會直接跳過那一團混亂。因為情感對 UX 設計超級重要，這一課會比大多數章節更長一些。相反地，我會提供你人類已知最簡單且最實用的情緒模型：

- 情緒分兩類：增益與減損（得與失）。
- 情緒是反應，而不是目標。
- 時間讓情緒更複雜。

增益與減損

情緒有兩面：好與壞；正與負；快樂與不快樂，目前為止都很簡單，對吧？我稱之為**增益與減損**（gain and loss，**得與失**）。

「**得**」是正面的感受，一夜好眠之後，你可能覺得神清氣爽；中樂透之後，欣喜若狂；或者，在按摩師做得比平常更徹底一點時，你覺得會通體舒暢。

現在，把它們全丟進相同的「快樂」類別。

「**失**」是負面的感受，當睡眠不足時，你可能覺得脾氣暴躁；跟伴侶分手後，身心俱疲；或者，按摩師竟然是你的表妹，你覺得有些尷尬。

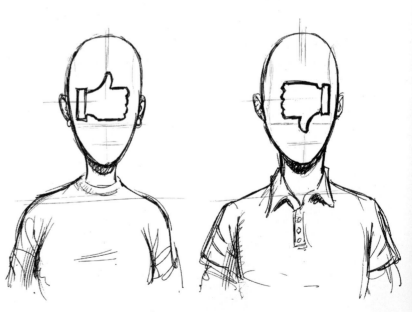

現在，把它們全丟進相同的「不快樂」類別。

情緒是反應，而不是目標

如果我把你鎖在黑箱中，並且提供一些讓你永遠覺得快樂的化學物質。接著，把這個箱子丟進太空，孤伶伶的，沒有任何溝通管道，你無法移動或控制任何東西，你認為那是好事嗎？

嗯⋯⋯也許不是，如果只是讓使用者「快樂」，那就像把他丟進那個箱子，五分鐘後，感覺就沒那麼好了。

感受有兩種：情緒和動機。動機是我們想要什麼（目標），情緒是我們在得到或失去想要之物時的感覺（反饋）。接下來，我們要學習動機。

身為 UX 設計師

你可以提供使用者積分、電郵、徽章、等級、按讚、跟隨者或任何其他反饋，好讓他們確實感受到與得失相關的情緒。或者，你可以直接指明他們究竟屬於何種口味的 Ben & Jerry 冰淇淋，點到即止，一切盡在不言中。

時間讓情緒變得更複雜

你的情緒或「心情」不時在變，這很正常，也很合理，極端來說，就像是在觀看電視真人秀的參賽者。然而，這不完全關乎當下，你記得過去，並且期望未來。

看到某個箱子包裹得五顏六色時，你心想：禮物！然而，當某人說「我們得好好談談」，你心想：又是什麼狗屁倒灶的事情。

那份「禮物」可能是一堆蛇，但你很開心，直到發現不對勁。如果預期壞事情發生－譬如說，如果箱子被標記為「裡面有蛇」－你會感到恐懼（或「擔心」與「顧慮」等負面情緒），你會避開或試圖逃跑，除非人在飛機上。

在我看來，更有意思的情緒是憤怒，如果你想要／期望某事，但不能如願，你會積極設法排除任何障礙，這就是情緒與時間的交互作用。當有人說「我們得好好談談」，你的第一個反應可能是恐懼，你想要保住飯碗或維持關係，或者任何你認為他們想要摧毀的東西，然而，當他們真的試圖摧毀它時，你可能會變得充滿攻擊性。現在，他們正試著阻止你擁有它，如果他們成功，你會傷心難受（失），如果他們改變心意，你會開心不已（得）。

身為 UX 設計師

不只得考慮快樂，透過提供讓使用者感到安心的資訊與訊號，管理他們在整個操作體驗中的情感，譬如說，顯示網站安全無虞的小圖示，或者在使用者付錢之前確認訂單無誤的文字。

什麼是動機？

這一課關乎 UX 當中最容易被忽視，但卻是最強大的心理因素：使用者想要什麼。

根據上一課，情緒是某人達成目標或無法如願時的反應。

但什麼目標呢？**動機**，那是什麼東西？

動機是固有的心理需求，人之所欲，有些是實體的－你需要它們才能夠存活－有些只存在於你的心中，都很重要。動機可介於意識經驗與潛意識經驗之間的任何地方。

你可以獲得或失去每個動機，或者受到激勵去追求，當你學到與制約（conditioning）相關的材料時，這會對 UX 變得非常有用。

動機是相對的，那表示，無關乎你擁有多少動機，而是關乎相較於你自己或其他人的現況你擁有多少動機。

在拙著《*The Composite Persuasion*》中，我列出全世界每個人都想要的 14 件事，其中至少有 6 個動機對你的數位化 UX 有用，有 3 個是遊戲化和社群網路的基礎，像是 Facebook 或 Twitter。當你知道如何運用它們時，人類的動機就是魔法瓶中的 UX 神仙水。

14 個普遍性動機

那麼，有哪 14 個動機？

避免死亡

顯然，死亡不好，演化（evolution）也知道這一點。你會盡力生存下來（得），避開任何威脅生命的事物（失），像是高度、火災或毒蛇。有時候，人們自殺，但只發生在其他動機勝過求生意志的情況。

避免疼痛

類似死亡，但未必危及生命。像是斷腿的劇烈疼痛，而不是男子天團「超級男孩」（'N Sync）解散時所帶來的那種頭痛與空虛感！

空氣 / 水 / 食物

你的身體需要燃料才能運作，如果能量所剩無幾，你的動機會燃燒你的小宇宙，需求越迫切，你就越拼命。

體內平衡

這是身體內部的「平衡」，記得上次喝醉、回家、睡覺、一小時後醒來吐嗎？那是你想要達到體內平衡的動機，同樣的動機也幫助你半夜起來尿尿，第二天持續「排毒」。試著抵抗這個動機看看，我賭你挺不住。

睡覺

根據最新研究，睡眠可能是大腦的清潔及維護時間。如果你太久沒睡，或者收看 C-Span* 二、三分鐘，你的身體與大腦將接管你的意志，並且確保你能夠好好休息。

性

有時被稱作「誘惑」－不要跟「浪漫」搞混，那是愛－這個很弔詭，因為它是違反直覺的，我會在下一節單獨作說明。

愛

此外，在下一課中，愛以三種不同面貌呈現－分別代表著你對家人、小孩，以及親密愛人所產生的各種極深邃感覺。

保護兒童

你不會花很多時間在這一點上，但最好知道它的存在，許多與成年人有關的事情在涉及孩童時都有完全不同的適宜性與正當性，或者變得嚴正許多。我確定犯罪相關事宜確實如此，但有時候，例如廣告，我們就是需要增加額外的規則和限制，確保一切安全無虞。為什麼？因為就演化而言，那些還不能夠繁衍後代的人比那些已經完成天命的人更有價值，因此，我們必須好好保護他們。

---

* C-SPAN，美國有線電視頻道，全名為有線－衛星公共事務網，主要探討政府與公共事務議題。

隸屬關係

這是關於群組歸屬的動機，你會在二課之後學到相關的知識。

地位

這個動機驅使你駕駛自己的巴士（隱喻），而且試圖開得比別人好，你會在三課之後學到相關的知識。

正義

這是為求平衡，好讓每個人獲取應得之物的動機；你會在四課之後學到相關的知識。

瞭解（好奇心）

想要瞭解事物的動機是特別有趣的，而且不是像許多人想的那麼容易運用在 UX 中。這將是關於動機的最後一課，它會影響你如何思考可用性、用戶引導、廣告行銷，以及使用者如何處理變更。

以上非常簡要地介紹各種動機，希望可以讓你瞭解 UX 如何塑造行為。假如使用者成為忠實用戶，或者深深愛上你的產品，那是因為這些動機大幅提升。

動機：性與愛

噢，寶貝，把燈關暗些，點上幾根蠟燭，弄些巧克力草莓，因為我們現在要來檢視兩個把人們更緊密聯繫在一起的動機。

性是觸摸彼此身體私密部位的動機，愛是感受溫暖與親暱的動機。在這裡，我們兩個都會學，但它們具有驚人的差異。

然而，先來談點商業性的話題…

免責聲明

性是敏感話題。首先，它可能有點膚淺，所以請勿罣礙。其次，當論及性別與行為時，可能會有一些政治因素，我將使用「女性」（female）與「男性」（male）的術語來作分類，但必須瞭解，「男性」的性行為未必伴隨著男性的身體，反之亦然。無論如何，如果我過於深入細節，這一課就會變得有點「毛」（雙關語）。

思想切勿僵化，我深信，每個人都應該得到尊重，不管其性向如何。

性關乎繁殖

在繁殖過程中，女性與男性各提供一半，但這兩半實際上相當不一樣，這些差異導致很多問題。

把性的「交戰規則」想成拍賣

如果你有某個價值不菲的稀世珍品，你會想要把它賣給出價最高的人，對吧？那就是為何 *Antiques Roadshow*（古董巡迴秀）如此受歡迎的原因，物品越有價值，你便越保護，就越多人希望出價並且擁有它。如果你有一幅畢卡索的畫，只有最具實力的投標者能夠跳出來，而且，如果你坐擁金山銀山，你只會花時間競標畢卡索作品之類的稀世珍品。

另一方面，如果口袋不夠深，你就會去追求那些比較不那麼搶手的拍賣品，而且，如果你沒有稀少或價值不菲的東西，那麼，你可能不會抱持相同的期待，性的吸引力也有點像那樣。

使用這個比喻時**聽起來**可能很簡單，然而，我們談論的是人，所以一點也不單純，覺知也是它的重要部分，實際上，這無關某人有多麼「稀有」或「價值不菲」－因為每個人都是獨一無二的－而是關乎某人**看起來**多有價值。

某些性的信號不難看出，像是性感的裝扮或迷人的身材，彷彿訴說著「真的，我很性感！」但有些信號比較細微，比如自信和智慧。嗯，還有一些比較偏向是個人喜好的問題，就像你覺得好玩的事情，或者喜歡的音樂。

身為 UX 設計師

提供必要的資訊，讓使用者判斷「品質」（熱門、關注、外貌等等），並且找到符合其品味的東西，可能簡單如跟隨者的數量和圖片，或者，你可能需要一些影片與說明，以及合適的分類。

聽起來可能荒謬或驚人，然而，當論及 A/B 測試和最佳化設計、廣告，以及搜尋體驗時，色情網站堪稱是最活躍、最積極的產業。這個產業競爭激烈，令人難以置信，這些傢伙甚至必須考慮到單手導覽的機制，真的！

我們也積極地保護得到性的機會，文字不如圖片，簡單文字搭配迷人圖片即可創造很大的動機，像是：「附帶較多美照的個人資料通常較受歡迎。」一旦使用者瞭解這件事，你覺得他們還會堅持僅使用一張照片嗎？對每個人來說，更多的照片 = 更好的 UX。

愛

如果性是膚淺與短暫，愛則相反，愛是希望、夢想、互相扶持與互相關心，愛是彩虹與陽光。

啊⋯⋯。

你可以愛伴侶、你的小孩或你的家人，這些愛具有些許不同。基本上，愛是互相回報彼此的動機（亦即，你讓對方愉快，對方也讓你開心）。

在浪漫的愛情中，關鍵是找到某個對你回報以真愛的人。我們傾向於選擇價值觀（對於好／壞的看法一致）相當的配偶，所以你必須設計某種機制，讓使用者在茫茫人海中找到**自己的**真愛。

但是，浪漫的愛情牽涉到性，愛你的小孩比較關乎保護與幫助他們成長，而愛你的家人與朋友則幾乎是領域性的（territorial），你設計的功能應該幫助人們產生像那樣的行為。

身為 UX 設計師

幫助使用者找到真愛就好比幫助他們選購洗碗機，他們只需要一台，基本標準差不多，但每個人對「完善」都有自己的看法。提供過濾、比較、諮詢、儲存、後續行動等功能。

動機：隸屬關係

社群媒體和遊戲已經成為網際網路的一大部分，背後的主要動機都相同，其中之一是慾望。

隸屬關係（affiliation）及接下來的兩個動機，純粹是相對的，只有在人我之間產生比較時才有意義。這是我最喜歡的部分。

身為 UX 設計師

讓各個使用者隸屬於一個群組，或者能夠以某種共通點來識別－像是加入公會或「按讚」頁面，或者選擇同樣的配色方案。

隸屬關係

隸屬於某個群組，任何群組、球隊的球迷、職務名稱有 UX 字眼的人、來自同一個國家的人、週末釣魚客、討厭週末釣魚客的人等等。

任何團體。

身為群組的一分子（或者相信我們是其中一分子）讓我們感到自豪，穿一樣的顏色，唱同樣的歌曲，購買他們的吊飾，展示他們的符號等，可能是運動團隊、樂隊、學校、國家或只是同一家人。如果團隊有對手，你很可能會憎恨這個對手。如果團隊有共同的信念，你很可能會討厭不同意這個信念的任何人。

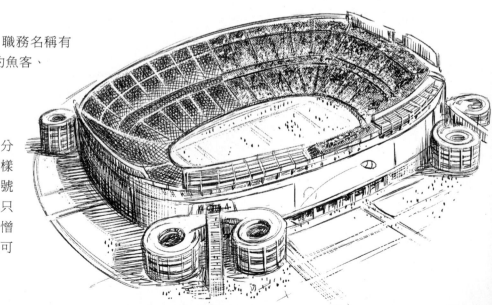

動機：身分地位

另一個讓社群網路與遊戲能夠順利運作的動力是控制、比較，以及想要勝過別人的慾望。

身分地位

為自己而作決定，你可以稱之為自由、自主、責任、權威、管制或反叛，不管怎樣，你會想要成為老闆，至少是你自己的老闆。

人總是想要做自己的主人，自己做決定，即使別人可能做得更好，例如，買股票。有時候，自由可能產生更多風險，像是在職務上承擔更多責任。

你應該讓使用者擁有控制權，但是，可以的話，請幫他們做出更好的決定，並且消除任何搞砸重要事項的機會。危險的選項務必經過再三確認，或者，意外做出這類選擇的可能性應該被降到最低—「真的、確定要啟動核武嗎，總統先生？」

出類拔萃，成就、優勢、勝利、人氣、財力、才能、性感或類似的東西，讓你超越大多數其他人。

這是一種直接的競爭，但不總是以遊戲或運動的形式呈現，任何可由使用者完成的事情，無論是讓個人資料上的圖片更美觀或者擁有最多跟隨者，都可以（也都會）變成一種競爭，你只需要選擇某種能夠運用這種競爭動機的機制。

千萬別讓成績下滑。記住：我們積極地想要保護已經獲得的東西，人們將努力保有目前的身分地位，即使那是由一些虛擬之物（如累積點數）組成的東西。

有時候，增加些許競爭風險是好事，如果你的農場（如 *Farmville*，**開心農場**）在你離開時菜會被偷光，或者你的「活動層級」（如 Tumblr 輕網誌）在你疏於照顧時會下降，那麼，你會更積極、更帶勁，確保不會失去你的身分地位。

在撰寫這本書時，Instagram 從網路上刪除了數百萬名「假」跟隨者－對 Instagram 來說，這是一件好事－然而，使用者覺得很沮喪，因為跟隨者的數量驟降。他們寧願擁有更多「名義」上的跟隨者（較高的地位），即使是機器人也無妨，而不願意接受真實跟隨者根本沒那麼多（較低的地位）的事實。

身為 UX 設計師

允許使用者個人化某些功能，像是個人資料圖片或隱私設定，而且不要將重大抉擇的控制權從他們身上奪走。創造某種機制，衡量使用者的動作，好讓他們與別人作比較－像是得分排行榜上的點數－ Instagram 上的跟隨者，或者在 *Foursquare* 裡變成 Mayor（市長）的角色。

動機：正義

不管你認為某個小孩活該欠揍，因為是他先動手，或者，第二個小孩出手太狠所以有錯，或者，兩個小孩一樣有罪，那就是「正義」。

正義

善惡應有報的感覺。

每個人都認為他們值得被喜歡，儘管多數人經常惹人厭。我們都同意希特勒是個「邪惡的」領導者，而不只是一般的領導者。我們都喜歡看到屈居下風的人獲得最終的勝利。

正義是我們尋求力量平衡的情感需求。

關於正義，最有趣的事情是：它只適合搭配其他動機。如果某甲造成某乙在前面 13 個動機之一蒙受損失，我們想要某甲也承受同樣的損失（或相當之物），反之，如果某甲讓我們因為在其他動機之一獲益而感到快樂，我們就會覺得必須給他某種認可。

另一方面，如果一個小孩毆打另一個小孩，從旁人眼光來看，我們似乎覺得不公平，但接著，如果我們被告知他是在反抗霸凌，則感覺瞬間改變，但若是又發現其實根本是誣賴，則感覺再次更替。道德經常是觀點問題，這或許是哲學家這麼喜歡爭辯的原因。

身為 UX 設計師

擁有行為準則，尊重與榮譽的象徵，或者賦予使用者選擇冠軍的權力－像是 Twitter、Reddit Gold、Reddiquette、Kickstarter campaigns 或 American Idol。

作業 !!!!!!!!!

是的，作業！

別擔心：你的作業是追蹤 Twitter 上的人們。

到 Twitter 去，試著找出某個未提及任何群體歸屬、任何身分地位，或任何道德上的信念或立場的真實人物之基本資料。

（空白的個人基本資料不算，有欺騙之嫌）

如果找得到，麻煩讓我知道：
@HipperElement。

動機：理解（好奇心）

這是電影預告片以及當 Facebook 無預警改變其功能時，會觸怒你的潛藏動機。

理解（understanding）是獲取與其他 13 個動機相關之資訊的動機，有時被稱作好奇心（curiosity）。我們也會積極地保護我們已經理解的東西。關於理解，有趣的是：設計師與行銷人員老是把它搞砸－即使它相當簡單。

建立好奇心有三個規則：

1. 使用者必須充分理解，知道其他 13 個動機之一會有得有失。

2. 得失越大，事情似乎變得越有趣。

3. 保留或隱藏某個東西。

本課的插圖類似原始的 iPhone，一看就知道它勝過不那麼「智慧」的手機，但具體的細節被隱藏起來。

瞧！很好奇吧！

如果 iPhone 看起來就像其他手機，你不會感到好奇，因為你不會被「觸動」。

怎麼把它搞砸？

搞砸好奇心的最佳方法就是提供人們其他 13 個動機以外的東西，諷刺的是，最常見的例子就是：*贏得 iPhone 或 iPad 的機會*。

第一：大家都已經瞭解 iPhone 或 iPad，沒什麼好奇心。

第二：那只是有機會贏得很多人都已經有的東西（記住，身分地位是相對於其他人的。）因此，這件事在身分地位上的增益實際上非常小，除非你不太可能弄到 iPhone，譬如說，你是一個小孩，或者你負擔不起 iPhone 等。

相反地，想辦法讓你的產品看起來像是一種動機增益（得），或者別讓你的產品看起來像是一種動機減損（失）。別再試著利用免費贈品刺激消費者。

當然，你也必須考慮使用者想要理解的情況。

如果可以選擇，使用者會選擇他們瞭解的東西，而不會選擇他們不明白的東西，不管究竟哪一個比較好。

當你變更或移除功能時，避免利用好奇心作為行銷策略。說清楚，講明白，告訴使用者會有什麼不同，說明為什麼及如何運作，並且給他們適應的時間（如果可以的話）。否則，使用者會感到火大或不安，因為你拿走了他們已經理解的東西。那是一種減損（失）。

介紹手機

4

使用者研究

什麼是使用者研究？

啊，使用者，是 UX 太陽系中的太陽以及你身邊的荊棘。UX 的鐵則之一是「切勿責怪使用者」，即使有時真的忍不住心中冒出一堆圈圈叉叉，無論如何，假如你有這種感覺，可能是你還不夠瞭解使用者。使用者研究針對如何解決這個問題進行探索。

對不同的人來說，使用者研究發生在不同的階段

有人說，應該先研究。有人說，應該先規劃，再進行研究。有人說，先建構「可行」的產品，再進行研究。

都對，沒什麼時機不適合做使用者研究，早點做、常常做，重點不是何時，而是要做什麼，例如，「你試圖瞭解使用者哪些事情？」

從與人有關的研究中，主要可以獲得兩種資訊：主觀和客觀。

主觀的研究

「主觀」這個字意味著一種觀點、記憶，或者對某個東西的印象。它給你的感覺、產生的期待，並不是事實。

「什麼是你最喜歡的顏色？」

「你信任這家公司嗎？」

「穿這條褲子會讓我的屁股看起來很大嗎？」

（亦即，沒有正確的答案。）為了獲得主觀的資訊，你必須詢問人們問題。

客觀的研究

「客觀」這個字意味著一項事實，真實的事物，可以證明的事情。你的觀點不會改變它，不管你多熱切地盼望。

「你花多少時間使用我們的 app ？」

「你從哪裡找到指向這個網站的連結？」

「那些褲子是什麼尺寸？」

如果人們具備完美的記憶力，而且從不撒謊（尤其是對自己），你可以好好詢問他們這類問題，如果你真的找到這樣的人，請讓我知道。

客觀資料通常以量測與統計的形式呈現，然而，只因為你可以計數某個東西，並不表示它是客觀的，或者是客觀的「資料」。

　　再多的「傳聞」也不等於「證據」。

－智慧語錄

例如，如果有 102 個人投票贊成某個東西好，50 個人投票說它壞，唯一的客觀資訊就只有投票人數，東西好壞仍舊是主觀意見。

目前為止，還跟得上我嗎？

（如果沒跟上，那是我解說得太爛，而不是你書讀得不好。）

取樣規模

一般來說，越多人，資訊越可靠，即使主觀。一個觀點可能完全錯誤，但如果一百萬個人同意，它仍然很貼切地代表了群眾的信念（但客觀而言，可能還是假的）。因此，盡可能為你的研究收集最多的資訊。

大量主觀意見可能變成幾乎客觀？！真的是…

如果你要求一群人猜測某個**客觀事實**的答案－像是罐子裡的雷根糖－平均猜測值往往相當接近真實、客觀的答案。然而，關於某個主觀事項，「群眾的智慧」也可能引起騷亂，並且讓 George W. Bush 當選美國總統，所以…無言…無奈。請小心！主觀的東西永遠不會是真實的，只是相信的人是多或少。

什麼不是使用者研究？

使用者研究非常重要，確實應該做，但務必確實詢問使用者的想法與感受，而不是你接下來應該做什麼。

不是你在測試使用者；而是他們在測試你

身為設計師，在進行使用者測試時，你會站在權威的立場，但別讓這種感覺沖昏頭。事實上，使用者正在測試你的設計，如果他們不做你想讓他們做的事情，或者搞不清楚狀況，那絕對是你的錯，不是他們的錯。

如果你透過刻意設計的問題引導他們，或者給予他們一般用戶不會得到的提示，那樣便會把測試搞砸，什麼都證明不了。因此，在使用者進行測試或提供答案時，請閉上嘴，靜靜觀察，默有餘味，言還失真。

使用者不是水晶球

UX 是一組技術，而非天賦，這表示，一般用戶無法幫助你做到這一點，而且，如果你正在參加 *X-Factor* 選秀，這是一個糟糕的選項。

因此，你的工作就是仔細聆聽使用者怎麼說，而不是企圖引導他們、干擾他們。好好體會使用者怎麼想、怎麼試著把事情做好，並且瞭解他們如何及為何迷失在你的設計裡，接著找出這些問題的解決方案。

不要問使用者希望問題如何被解決

如果使用者認為某個按鈕應該是藍色的，或者希望所有的產品按照生產地安排，或者希望你拿起一些小銅鈸並且戴上可愛的小紅帽，你可以把它記錄下來。然而，假如它無助於實現你的 UX 目標，可能就沒什麼價值，觀念和解決方案是不同的東西。

共識不是 UX 策略

很多設計師認為找到最佳解決方案的好辦法就是向同事尋求意見。其實不然，你應該在設計流程中將同事納進來，識別他們的專案需求，並且保持溝通管道暢通無阻，那正是「協同合作」的意義。

然而，只因為公司的人們喜歡某個按鈕在它被點擊時發出放屁聲（大家都覺得很有趣吧?!），並不表示使用者需要它。公司的人們也包括你，你們的觀點 **並不是** 那麼重要。使用者研究不是用來確認你的想法，而是用來發掘它們的。

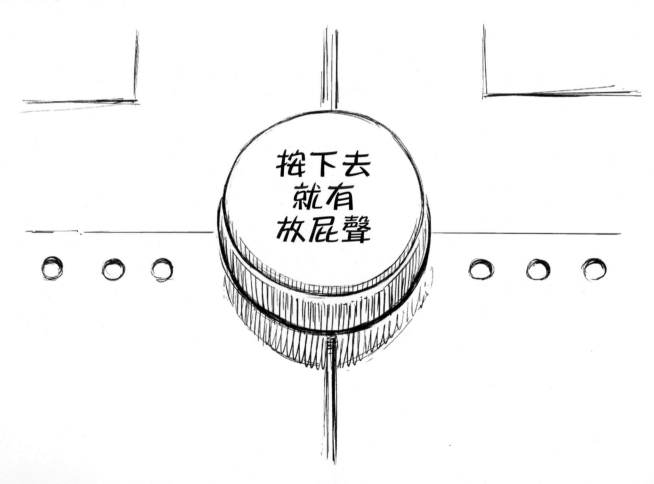

你需要多少使用者？

你應該遵循大眾的智慧，或者應該相信最忠實的用戶？你應該諮詢對你的設計最瞭解的人們，或者擁有嶄新眼光的新鮮人？

這是一個相當常見的問題，一個好問題，你的使用者研究應該包含多少用戶，才能夠得到需要的資訊？嗯，實際上，看情況。

問題越不明顯，就需要越多人

假設你的設計有兩個問題：

1. 多數人沒注意到開啟選單的按鈕。

2. 你的定價頁讓產品看起來好像要收費，但其實是免費的。

兩個都是我在測試中實際看到的問題。

假設選單問題影響三分之一的人，那表示，至少需要 3 個使用者才能夠找到選單的問題（在現實世界中，可能需要 4、5 個）。

假設定價問題影響二十分之一的人，那表示，你至少需要 20 個使用者才能夠找到與定價有關的問題（再一次，在現實世界中，可能需要三、四十個）。

所以，如果你有 5 個測試用戶－使用者測試的常見實務做法 — 你可能會發現選單的問題，卻錯過定價的問題，哦喔！

因為真實的服務只能將一部分的瀏覽數實際轉換成訂單數，所以這個定價問題可能嚴重影響你的銷售量！這就是面對面測試（face-to-face testing）為何那麼有用的原因，相反地，隔絕並不是可靠的做法。

找出基本資料合適的用戶，及幾個不合適的用戶

在第 30 課〈建立使用者基本資料〉中，你將學習如何定義對你很重要的使用者類型，透過測試符合實際所需的使用者，你會看到他們的想法跟你有什麼不同，並且發掘出真實用戶的問題。

不過⋯

如果只測試單一類型的使用者，你會錯過其他思考盲點所造成的問題，隨機增加幾個特異份子，看看情況會如何，你很可能發現一些有趣的事情。

如何問問題？

通常在 UX 中－尤其是在新玩意兒剛開始時－你必須向真實的人們詢問一些真實的問題，真真切切的問題。

三種基本問題

當然，詢問的問題會因人而異，但總離不開三種基本類型：

1. 開放式問題－「你會怎麼形容我？」

   在你想要得到所能夠得到的一切反饋時，這提供你大範圍的答案，而且效果很好。

2. 引導式問題－「我的最佳功能是什麼？」

   這將答案限縮到特定型態，這個例子假設我具有一些良好的特質，這可能不是真的。請注意：這類問題也會將你可能想要知道的答案排除掉！

3. 封閉 / 直接的問題－「哪個比較好，我的微笑或皺眉？」

   這類問題提供選擇：是或否；此或彼，但請記住：如果選項很蠢，結果就會很蠢。專業意見：別要白癡。

在接下來的幾堂課中，你會檢視數種不同的研究方法，涉及另一類的問題：

觀察

提供人們任務或指令，並且看著他們使用你的設計，別幫忙。之後，你可以問他們問題。

訪談

找些人，詢問他們一組問題，一個接一個。

焦點小組

把一群人集合在房間裡，請他們討論你的問題。

注 意

信心十足的人經常設法說服群組裡的其他人，而且，隨便找幾個人通常是不可靠的。這就是我在現實生活中為何寧可親上火線，而不願操作焦點小組的原因。

問卷調查

一種人們在紙上或線上回答問題的形式,問卷調查感覺起來可以是匿名的,這是很有用的。

卡片分類法

每個人都有一套想法或分類(卡片、便利貼,或者線上),以自己覺得合理的方式將它們整理成一組一組。專業建議:別把你的同事做這樣的劃分。

Google

令人驚訝,你馬上可以在網路上找到許多免費的有用意見,Google 大神就是這樣的機制,你輸入想要查詢的東西,然後得到需要的資訊。

重要事項

- 以同樣的方式,向每個人詢問相同的問題。

- 避免詮釋問題或暗示答案。

- 人們可能撒謊、避免尷尬,或者看起來就好像喜歡特定答案。

- 記錄訪談,勤做筆記,永遠不要依賴你的記憶力。

- 別學壞。

如何觀察使用者？

觀察某人是一回事，為了研究而觀察使用者又完全是另一回事，如果不知道其中差別，你大概就做錯了。

記住：你的記憶力糟透了

使用影片、勤做筆記、請兩個人觀察，或者以上皆是，因為，就像我媽說的，「記憶是靠不住的，你能夠信賴的總是不及於你可以丟棄的。」不過，在此狀況中，這種隱喻讓人困惑，因此，在研究過程中，務必**如實記錄**，不要仰仗記憶力。

弦外之音

在測試期間，使用者經常表露某種肢體語言或臉部表情，或者說「嗯…」，或者移動鼠標的方式透露出他們的想法與感受。如果你的影片包含產品畫面和他們的臉部表情，稍後就可以好好利用這些即時的線索。

觀察他們如何選擇，而不只是選擇什麼

UX 設計菜鳥最常犯的錯誤就是忽略過程，只是記錄結果。

使用者越是不做你預期的事情，測試就越有用。如果你最後得到的只是一整頁指明「完成」及「未完成」的標註，那麼，你還是什麼都不知道。相反地，記錄他們如何瀏覽這個解決方案、為什麼會認為某個東西在哪裡、透過什麼線索找到它（或者沒找到），以及是否認為自己已經完成任務等等。

別插手

很容易讓人忍不住出手幫忙困惑或不安的使用者（因為弄不清楚狀況），請克制這種衝動！你一出手幫忙，或者給他們提示或點出有用的資訊，測試就被你毀了，因為你真正在測試的是你的設計，而不是你的使用者。有時候，讓使用者失敗反而是最有用的結果。

真實故事：為了得到認可，人們會說謊

不要忘記你也在房間裡，人們會說謊、掩飾尷尬，或者表現出無助的模樣，希望得到協助。或者，在你的設計不理想時，告訴你其實它還不錯－只因為你就坐在那裡。

總是要對測試中的使用者抱著存疑的態度，他們可能因為某種原因撒謊，即使自己未意識到這一點，因為你能夠信賴的總是不及於你可以丟棄的。嗯，最佳妙喻，謝啦，親愛的老媽！

訪談

如果你想要問一些問題，或者觀察人們如何嘗試你設計的東西，就必須跟他們面對面。

什麼是訪談？

訪談是一組事先準備好的問題，由使用者親自回答。

訪談的好處…

- 你可以詢問後續追蹤（follow-up）的問題；釐清你的問題是否令人困惑；把需要完成的任務交給人們；並且取得問題的開放式答案，詳實的答案，那可能比較不容易以書面的形式回答。

- 你也可以觀察使用者，取得非口頭的線索，並且瞭解該操作體驗固有的時間限制，例如，遊戲、小測驗或即時通訊。

- 你可以親自挑選測試者。

訪談的壞處…

- 你在場，測試者可能因而調整他的行為與觀點，試圖獲得你的認同。

- 比較難找到合適的場所，讓真實的人們參與測試，所以最後通常會測試較少的使用者。

- 面對面訪談的社會性本質並不適合令人尷尬或私密的產品與服務，例如，購買乳膠緊身衣的網站。

- 內向的使用者可能完全不能接受面對面的訪談。

訪談的好時機…

你必須測試涉及許多步驟或決定的主觀事項，例如，瀏覽網站、選購完美的乳膠緊身衣。或者，你必須根據使用者的行為詢問後續追蹤的問題，像是「你覺得哪個情趣用品適合搭配這件緊身衣？」。

問卷調查

面對面訪談不總是合適的選項，所以，你有時候必須把問題傳送給人們。但要小心，有些事情是問卷調查能夠做的，有些不是。

什麼是問卷調查？

問卷調查是一組問題，使用者私下透過紙本或線上方式填寫表單，有時甚至是匿名的。它就像 Buzzfeed 的小測驗，但是，代替釐清你是《哈利波特》的哪個角色，你只是提供反饋意見。

問卷調查的好處⋯

- 允許使用者私下參與，所以大家會比較誠實。

- 每個使用者拿到的問題都一樣，而且你（設計師）不會因為問錯問題而把事情全搞砸。

- 很容易讓數千人回答某個問卷調查，而且成本低廉。但如果找這麼多人當場進行測試，你可能需要準備一些流動廁所、餐車、樂隊⋯非常麻煩。

- 沒有人會感到失望，因為 UX 問卷調查可沒說你長得像跩哥·馬份（Malfoy）*。

問卷調查的壞處⋯

- 你無法詢問關於後續追蹤的問題，所以建立問卷調查時必須更加小心。

- 很容易因為問題的問法及選項的安排而意外地影響你的調查結果。

- 懶惰是人的天性，所以問卷越長，完成的人越少。

- 你無法重做問卷，以便選擇所有讓你成為哈利或妙麗的答案，即使你的心裡明白你長得不像跩哥·馬份。

使用問卷調查的時機⋯

你想要比較各個使用者的答案，或者控制問題詢問的方式，或者詢問很多人，或者控制年齡、性別、位置等項目的組合。

---

* Malfoy，跩哥•馬份，《哈利波特》裡的角色，史萊哲林學院的學生，長相俊秀，臉色蒼白，擁有淡淡的金色頭髮與冷酷的灰色眼睛。

卡片分類

某些類型的問題很難回答，所以讓使用
者自然「顯露」可能更好。

什麼是卡片分類？

不幸地，你不可能經常拿到 Blackjack（黑傑克）。

基本上，你把一組寫在「卡片」上的主題或想
法交給使用者－或許是內容的類型或者考慮實
作的功能－並且要求使用者將卡片組織成對
他們有意義的分類。

卡片分類（card sorting）實質上是一堆食譜
卡（recipe card），或者，你也可以利用線上
工具來模擬。透過與許多使用者協同合作，
並且記錄他們在卡片之間建立的關係，你將
瞭解哪些構想或功能跟使用者的想法最貼
近，它將幫助你設計選單及資訊架構。聽起
來有點複雜，但我曾經利用線上工具，在
15 分鐘內，與一整班的學生共同完成這項
工作。

我們花了大約一小時，為某家數位廣告代理商的未來網站內容建立卡片－在學生到達之前－學生們能夠快速地整理及分類，而我可以完全不理會他們，我真的是一位令人驚豔的好老師。這個軟體做了所有關於量測「選擇模式」的工作，可能幫我省下好幾個小時的工作，讚啦！

卡片分類的好處⋯

- 設計複雜的大型網站，如 Wal-Mart 或 eBay，一開始可能鋪天蓋地，壓得人喘不過氣。在此情況下，卡片分類幫助你有個好的開始。

- 你可以從一堆看似隨機或不相關的想法中找出隱含的結構，或者瞭解用戶的優先順序，而不需要直接詢問他們。

- 我為某家數位廣告代理商的網站進行卡片分類，因為**過於**熟悉它的內容，以致無法從使用者的角度思考。這件事情也揭露出客戶與潛在員工對該代理商的認知差異。

卡片分類的壞處⋯

- 進行起來肯定有點冗長乏味，而且那些答案比較像是一種指引，而不是解決方案。

- 卡片分類只是你投入實驗的材料。

- 使用者將組織你為他們提供的卡片，不管是否合理。

- 如果你的網站 /app 是工具，像是電子郵件，或者某種不那麼傳統的東西，例如 Tinder，卡片分類可能只會帶來無益的結果。卡片分類旨在揭露假設與期望，而非創新。

使用卡片分類的時機⋯

你知道你想要包含什麼類型的內容或功能，但實際組織這些內容的策略並不清楚。

建立使用者基本資料

就像行銷有目標受眾（target audience），UX 設計師也有使用者基本資料（user profiles）或角色模型（personas）：基於使用者研究所得到的使用者描述。

基本資料不是什麼？

首先，讓我們確認一下角色模型或基本資料不是什麼：

- 人格類型
- 人口統計資料
- 「品牌故事」裡的角色
- 根據你的體驗所形成的刻版印象
- 膚淺或一維的
- 概念
- 預測

那麼，什麼是
使用者基本資料 / 角色模型？

基本資料或角色模型描述目標、期望、動機與真實的人類行為。他們為什麼要來你的網站？他們要找什麼？什麼讓他們緊張不安？等等，你需要的資訊應該都在你的研究和

資料中。如果無法以研究與資料支持它，那就只是空談，浪費時間，應該立刻停止。

不好的基本資料

角色模型 A，男性，年齡介於 35 到 45 歲，收入與教育程度高於平均，至少有一個小孩和一輛新車，活潑外向且職涯導向，並且通常是右腦思考者。

為什麼不好？

如果你正在賣廣告，那樣可能很好，但就 UX 而言，這樣的基本資料其實沒什麼用。為什麼？因為它不允許你對任何功能構想說不，介於 35 到 45 歲的男性需要什麼功能？什麼都可能！

有用的基本資料

角色模型 A，資深經理人，對一、二個專業領域最感興趣，經常瀏覽網頁，但礙於時間緊迫，所以聚焦於先「收

集」內容，周末再行研讀。他們通常是多產的社群媒體分享者，主要是 Twitter 和 LinkedIn，自視為思想領袖，所以公眾形象非常重要。

另外，切記，每一個使用者都不相同！你可能會有幾個不同的行為群組（behavioral groups），你應該幫他們備妥良好的基本資料。

為什麼有用？

現在，你有很多資訊可以運用！你知道鬆散的內容不受歡迎，自我策展（self-curating）是個大重點，而且你具有設置內容分類的基礎。它們必須容易存取及分享，但只有特定類型的社群分享才算切中標的。

你也可以對 Facebook 廣告行銷活動說「不」，因為這些使用者並未把時間花在那裡，而且「消化」電子郵件（每週活動摘要）會比經常性的通知更好，因為這些人已經夠忙了。

想想「理想」的使用者；其中一些！

當你思考功能時，想想你在現實生活中會碰到的一群最有價值的使用者，你並不是在設法支持目前的行為；而是試著促使這些使用者朝著「理想」的版本邁進。

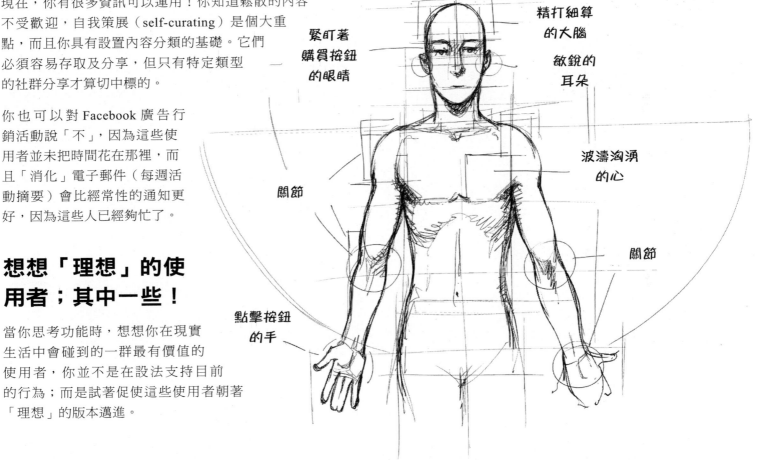

精打細算
的大腦

敏銳的
耳朵

緊盯著
購買按鈕
的眼睛

波濤洶湧
的心

關節

關節

點擊按鈕
的手

裝置

今日，我們需要討論的不只是單一手機或筆電，請按照下列六個步驟，幫助你考量不同的裝置：

第 1 步：手指或鼠標？

我不打算在這裡多說，因為第 70 課〈觸控 vs. 滑鼠〉，專門說明這個想法。

第 2 步：從小裝置開始。

許多人認為「行動優先」（mobile first）跟行動裝置益發普及有關。有些道理，但不盡然：試想，如果先針對最小、最弱的裝置進行設計，再聚焦於內容與核心功能，這樣做導引出簡潔、美觀的 app/ 網站。但若反其道而行，就像試圖把棉花糖塞進小豬撲滿，既不簡單，也不美觀。

第 3 步：這個裝置具有什麼特殊威力？

行動裝置隨我們四處趴趴走－真是驚人－我們花費更多時間在上頭，而且「位置」也變成一項重要因素。行動裝置體積小、方便移動，所以「移動裝置」本身也可以是一項功能。另一方面，筆電就沒那麼方便，但威力比較強大，具有大螢幕與鍵盤，而且滑鼠容許更精確的選取和更多的功能。別太擔心「一致性」－有時候，不同的裝置就是需要不同的思維。

第 4 步：考慮軟體。

"Mac versus PC" 不只是可愛的廣告行銷活動，在你開始之前，先讀過那些 UX 指南。此外，iOS 7 或 Windows 8 看起來跟 iOS 6 或 Windows Vista 相當不同，你可能需要選擇要支援以及要忽略哪個版本。每多支援一個版本，設計、開發及未來的維護工作就會大幅增加，請先想清楚！

第 5 步：響應性要好。

在 Web 上？支援幾種不同類型的手機？如果 Apple 讓新的 iPhone 有點不一樣呢？各種裝置馳騁在現代網際網路上－不管是網站或 app。判斷幾種不同的布局是否合適，或者是否應該為各種客戶建立具有充分響應性的網站。

第 6 步：一次思考多個畫面。

這一點是稍微進階的，但我認為你現在應該能夠理解。你可以同時使用手機和電腦，就像遙控器和電視機？一群手機可以控制平板上的遊戲，在同一個房間？萬一你登入兩個裝置，你可以從其中一個將資料「丟」給另一個嗎？一個裝置的位置可被另一個使用嗎？怎樣同步資訊；會造成即時性的問題嗎？如果兩個使用者透過不同裝置同時登入相同帳號呢？好好想想！

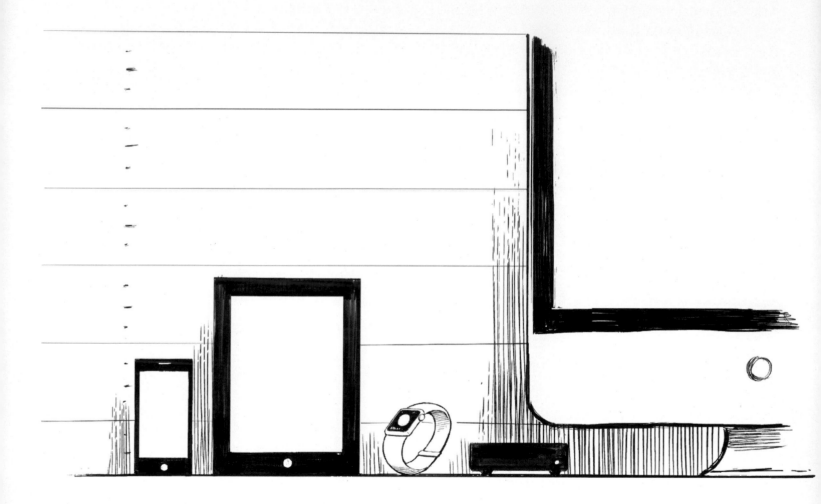

5

心智的極限

什麼是直覺？

在 UX 設計中，你會經常聽到的一個字就是「直覺」，那意味著，使用者無須解釋或訓練就能夠明白。當然，使用者不包括你。

直覺經常被稱作常識，或者「第六感」。關於直覺，有些人相信他們具有特殊的天分（才怪），然而，每個人確實都有直覺。無論如何，常識可能不像你認為的那麼平常，直覺並非與生俱來的天賦，相信我，嬰兒絕對是可怕的 UX 設計師。直覺從你的經驗中被建構；你根據過往的經驗預期某些事情會發生。

到亞洲的公共廁所並且看到地上一個洞時，北美人可能感覺很困惑，而某些亞洲人可能覺得蹲踞在北美洲那些瘋狂水椅子上同樣令人迷惑不已。

直覺，差勁的直覺，正常與否是相對的。

對許多人來說，最棘手的部分是：你鍾愛的直覺在有正確答案存在時也可能出錯。真的，確實很常看到。

身為 UX 設計師，直覺可能是你的最大敵人

你經常聽到人們說「相信你的直覺。」那是愚蠢的建議，因為每個人生來皆是如此，這就像是說「吃好吃的東西。」。我或許不是醫生，但假如你想要健健康康，長命百歲，這可不是什麼好建議（我們將在下一堂課探討它為什麼聽起來像是一個好建議－〈什麼是認知偏差？〉）。

相信直覺保證你最終將犯錯，很多時候，不相信直覺是避免這些錯誤的唯一路徑。

UX 設計師的工作是針對其他人的直覺進行設計

不是你自己的直覺。

當論及成千上萬個使用者時，「直覺」意味著多數人都能夠理解它，不管你是否被包含在「多數人」當中。

還記得嗎？「你知道太多」。

說你自己的設計是直覺的，就好像在說你是鏡子裡最聰明的人。你需要資料與使用者反饋才能夠確認這件事，那正是我如何知道我是鏡子裡最聰明之人的方式。

什麼是認知偏差？

你的大腦是一個系統，某些類型的資訊進去，某些類型的決策出來。但就像許多系統，如果你提供的資訊不是針對它的設計，就會得到不甚完美的結果。

你看過《駭客任務》嗎？Neo 在遇到 The Architect 時發現，之前曾經有其他 Neo 存在，它們是不時發生的「系統性異常」，某種系統缺陷。

認知偏差（cognitive biases）有點像那樣，如果你問人們特定類型的問題，或者以特定的方式詢問，「直覺系統」通常會選擇錯誤的答案。這些「錯誤」是我們可以在 UX 設計中利用的東西，我們可以讓使用者選擇任何他們想要的事物，而大多數時間，他們會選擇我們想要的東西－假如你做對的話。

某些例子會有幫助：

錨定

你說的第一個數字會影響某人腦海裡的下一個數字，例如，如果你要求人們慈善捐款，他們平均可能捐贈 2 美元，但假如你「建議」捐贈 10 美元，平均數字可能會增加到 5 美元之類的數值。什麼都沒改變，但是你將捐款鎖定到 10 美元，這讓 2 美元感覺上有點低。

下次當你想要加薪時，記得把目標放高點，你不會拿到全額，但會比你原本想要的更多。

攀比效應

越多人相信某事，其他人也越可能跟著相信。資訊的真實性不因人們相信與否而有所動搖，但你的大腦不明白。你老媽總是說，「如果每個人都從橋上跳下來，你也要跟著跳嗎？」（我知道，因為每個媽媽都說過這樣的話。）

這就是為什麼你通常應該顯示有多少人按讚、註冊或分享，也是購物台的廣告老是告訴你「百萬人選用，絕對不會錯！」的原因。

哦，會的，當然會錯！

誘餌效應

這是我的最愛之一，想像一下，你想要訂閱報紙，有下面這些選擇：

— 純網路版：10 美元

— 純紙本版：25 美元

— 網路版加紙本版：25 美元

哪一個最划算？考慮幾秒鐘之後，大約有 80% 的可能性，你會覺得網路版加紙本版最超值。

為什麼？因為紙本版其實只是「誘餌」—沒有人會選它，純粹只是為了哄抬價格，讓最昂貴的方案看起來很划算。儘管沒人選它，如果你刪除它，大約有 60% 的人會選擇最便宜的選項。

這並不理性，而且相當偏頗。如果你的國家即將舉辦一場選舉，請記住這件事，好好仔細想想。

認知偏差有許多類型；尤其在 UX 這個領域。更多資訊，*Wikipedia* 上有完整的表列。

選擇的幻覺

無論設計什麼，遲早得讓使用者選擇自己的冒險之旅，無論是選單、一組價格，或者一序列產品，**UX** 影響這個選擇。

許多新手設計師把使用者的選擇（*user choices*）想成隨機事件，使用者可能挑選任何東西！

嗯，是有點這種味道，但不盡然。

使用者可以隨機選擇，但他們並不會那樣做，也不應該那樣做。有時候，真正的問題不在於使用者選擇什麼（對我們來說），但有時候，這正是成敗之所繫。總是得提供使用者需要的選項，並且確保一切都很容易找到。然而－身為 UX 設計師－你也可以最大化自己的目標，而不需要為使用者作任何犧牲。

這裡有四個好原則：

1. 選擇的悖論

   理論上來說，「不選擇」也是一種選項。

   你提供的選項越多，使用者就越難選擇，這稱作選擇的悖論（Paradox of Choice），如果使用者無法抉擇，他們會離開。提供大量選項感覺好像「人人有獎」，但實際上卻讓每個使用者感到頭痛，從 3 樣東西中審慎選擇很容易，但是，從 30 樣東西就不大可能。

2. 所見即全貌 *

   大多數人只會考慮被提供的選項，即使有其他可能性存在。在 ABC 電視網的 The Bachelor（千金求鑽石）真人實境秀中，你永遠不會聽到白馬王子說，「第二朵玫瑰要送給…攝影師，Bruce。」

   Bruce 或許應該得到那朵玫瑰，但是他並非選項，如果允許白馬王子選擇地球上的每一個人，這個節目應該就沒什麼看頭了。無論是設計運送選項、訂閱功能或問卷調查，這一點是非常重要的。每一個選項都應該幫助使用者更接近他們的目標，你可以審慎設計選項，讓使用者在過程中跟你的目標一致。

---

* What You See Is All There Is，由得諾貝爾經濟學獎得主 Daniel Kahneman 提出，意思是，人們認為他們所見到的就是全貌，而不想要知道更多資訊，以免破壞既有的故事情節或次序，因而偏向相信自己「所見即是」。

3. 明智選擇預設值

針對決策，Dan Ariely 的 Ted 演講談到一個關於好 / 壞預設值的最佳範例（我所見過）。

簡言之：在讓人們**選擇**成為器官捐贈者的國家中，很少有人決定成為捐贈者；相反地，在讓人們選擇**不成**為器官捐贈者的國家中，器官捐贈者大約超過 90 %。

對使用者來說，什麼都不做比做某事來得容易，懶惰的選項應該就是提供給使用者的最佳選項－理想上。如果使用者真的能夠選擇「任何事」－例如，「隨你付」（pay-what-you-want）的情況－那麼，錨定（anchoring）就是在他們心中設定預設值的方式。

4. 比較是王道

使用者基於比較選項而進行選擇，因此，你應該建立有利於「你偏愛之選項」的方案。在上一堂課中，我們學到**誘餌效應**，那是讓某個選項看起來比較棒的方法，這裡還有一些：

— 你可以指出哪個選項「最有價值」、「最受歡迎」或「最可食用」。

— 你可以呈現「每月」或「每日」的訂閱費用，並且讓使用者看到「年訂閱費」遠比它們更實惠，即使總金額更高。

— 描述何種類型的人應該選擇哪個選項，何者比較適合你？很多產品都有「專業」版，因而附帶著某種身分地位的表徵，你是業餘的，還是專業的？

— 將你的功能列成清單，讓使用者知道，選擇免費版（而非白金版）會有什麼損失。

— 促銷！永遠在促銷！顯示「正常」價，好讓使用者看到他們「省」下多少錢。確認他們在你的利潤最高品項上「省」最多。

我可以繼續談下去，但相信你已經掌握到這裡的要點。

注意力

這堂課關乎一個被多數人誤解的簡單想法,然而,這個想法會影響你的整個設計方法。

你的大腦一次只能有自覺地做一件事,所以它必須聚焦,這個焦點從一件事轉移到另一件事,整天忙個不停,那被稱作「注意力」。諷刺的是,多數設計師忘了注意力這回事,看似簡單,但我們一直忽視它。根據我的觀察,人們把注意力當成定時炸彈,竭盡全力,企望某事能夠在時間耗盡之前創造興趣。

那並不是注意力的運作方式。

注意力就像聚光燈,指向特定事物,如果你想要將它指向別的東西,就必須停止將它聚焦在第一個物品。隨著你移動聚光燈,燈光之外的任何東西會被忽視,其他內容欄、橫幅廣告、其他橫幅廣告,以及在團隊內部有不同稱呼的橫幅廣告－還是橫幅廣告,只是感覺起來比較不像是在對使用者投廣告!

如果你希望人們注意某個東西,不是得讓它接近聚光燈,就是得把燈光投向它。

「哇」—Ted "Theodore" Logan

這裡有一些方法可以得到使用者的注意:

運動

在你的視覺系統中,這是最重要的一部分,因此,當某物移動時,你的注意力反射性地被吸引過去,但是,如果所有東西都在移動,固定不動的東西反而得到注意。

驚訝

驚訝不是「驚嚇」或「高興」－這是第 53 課打破模式背後的原則,是我們在某事不符合預期時會注意到的東西。

大型文字

在設計中,這通常表示「主要資訊」,我們的目光首先被它吸引。

聲音

警報聲可能是網際網路上最讓人討厭的事情之一，但它確實能夠引起你的注意。若能以較優雅的方式加以運用，它是可以運作得很好的。

對比與色彩

這些機制能夠讓設計中的某些部分從外圍視野中脫穎而出，在沒有直接觀看這些部分時，使用者也會注意到那些東西。這一點會在第 51 和 52 課中詳細說明。

UX 無關創造完美的世界，而是關乎消除阻礙你跟使用者達成目標的一切。良好的 UX 是減法，而**不是加法**，更非一味地膨脹及擴展。

如果上帝是 UX 設計師，你會待在黑暗的隔音小房間，坐在舒適的椅子上，沒有時鐘，操作著只會顯示祂的網站或 app 的裝置。

天曉得，也許吧。

「哇。」—*Bill S. Preston, Esq.*

你犧牲什麼來換取注意？

每次增加額外訊息，或者利用運動或聲音來吸引某人注意時，那也意味著，你把使用者的注意力從別的東西那兒竊取過來。「注意」實際上是有「成本」的：機會成本（opportunity cost）。

當人們努力在聲光效果十足的網站上盡情瀏覽時，那可能很有趣，但是，如果造成使用者失焦，因而錯過購買按鈕，那可就不是什麼好設計。如果 UX 設計師想要設計出「讓使用者體會到所有效果」的操作介面，很可能就會錯失焦點，無法將使用者的注意力吸引到適當的地方。

記憶

使用者記得的體驗是不完整、不準確、不由衷，有時甚至是不真實的。
這意味著，你有可能「設計」人們記住什麼東西。

記憶真的很酷

這一堂課勉強搔到皮毛。

你的很多決策奠基於你的記憶，但是你的長期記憶可能不同於它們的真實樣貌。大腦**不像攝影機那樣記錄過去**，記憶是從關聯中重新建構的－每當你想起它們時。然而，關聯會隨著時間改變。你可能成為物理學專家，或者徹底告別穿得像吸血鬼那樣去上學的青澀歲月。

這表示，你不可能再像初學者那樣看待物理學，或者再把恐怖的尖假牙當作很酷的配件。每次回想某事，你就永遠改變那段記憶。

所有的記憶也不是平等的

針對具有較強烈之感情與新鮮感的事物（當初緊抓住你的注意力），你的大腦會花費更多力氣。另外，你的大腦也擅長記憶模式（pattern）以及一再重複的事情，那稱作練習、習慣，或肌肉記憶（muscle memory）。

身為 UX 設計師

你應該把最後幾句話視為能夠在設計時運用的工具，部分透過目前學到的技能來完成，部分在操作體驗結束之後被達成。

偏頗的強調

在另一本拙著《*The Composite Persuasion*》中，我以專章說明改變人類記憶的想法，這裡有幾個重點：

提醒他們美好的部分。

如果你跟 Apple 購買 Macbook，接下來，你會收到一封描述各種功能亮點的電子郵件，我確信，那同時也改變了你對購買理由的既有記憶。

建立習慣。

建立人們能夠快速學習及重複的點擊／觸控模式，是非常有用的。想想看：Tinder 的左右滑動（揮劃），一開始可能讓人覺得有點生疏，然而，一旦使用者能夠輕鬆做到，便會牢牢記住，永遠不會忘記。（Photoshop 也是，有人同意嗎？）

個人化

很多網站利用你的選擇改善下一次訪問的操作體驗。我的 Pinterest feed 現在大約百分之八十與我喜歡的東西有關，然而，在最初使用時，大約只有百分之十。Reddit 也一樣，無論如何，我只知道這件事，但不記得任何細節。

研究與記憶

使用者在訪談或問卷調查中所說的任何事情都不應該被視為絕對的事實，那只是一種印象。我曾經在問卷調查中看過使用者被問及「你在這個網站之前拜訪的是哪個網站？」。Google Analytics 的資料顯示，超過 30% 的人都弄錯了，而那只是五分鐘之前的記憶。

你的記憶也一樣。你應該記錄訪談或勤作筆記，好讓別人能夠輕易地利用及參考你的研究（當作資料來源！）。

謹防假記憶

不管你信不信，在我們的記憶中，有些事情根本是假的，從未發生過，甚至談不上是某個真實事件的虛假版本。YouTube 上的一些影片顯示：有些人在真實生活中體驗了虛假的記憶。

那麼，你還想要做使用者所說的每一件事情嗎？

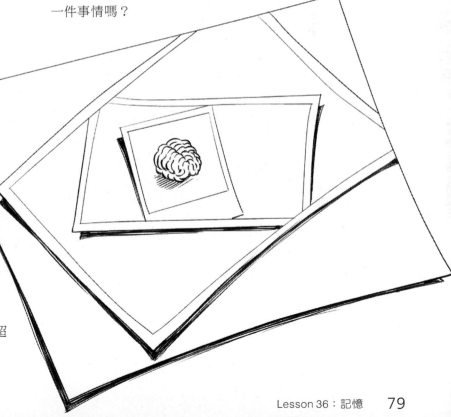

雙曲貼現

可用性是 UX 世界的重要領域，並且是大多數（而非全部）專案的關鍵元素。另外，還有一個形成可用性之骨幹的認知偏差，而且它大大影響我們預測未來與自己的方式。

雙曲貼現（Hyperbolic Discounting）聽起來可能有點像是某種複雜的數學，實際上相當簡單：

> 現在（或隨即）發生的事情似乎比稍後（或未來）會發生的事情更重要。

這適用於你對價值的感知、如何判斷自己的情緒，以及如何進行重要的決策。這也說明了為什麼多數人不好好存錢，以及為什麼計劃幾乎總是比預期花費更久時間。因為「現在」先吃垃圾食物，「稍後」再運動健身，是比較容易且比較有趣的，所以人們變胖。

基本上，可用性（usability）讓人們盡快且盡量不費力地得到想要的事物（現在），需要花費的心力越多，必須等待的時間越長，操作體驗就越差。

動機 vs. 時間

之前，在第 15 課中，你學到時間如何影響情緒，而不是影響動機，請看：

想像一下，現在給你 100 美元，或者明年給你 120 美元。在現實生活中，你可能選擇現在拿 100 美元，即使 120 美元顯然比較多。現在，想像一下，你希望某個東西現在要價 100 美元，或者，在接下來的 12 個月，每個月付 10 美元。

在現實生活中，多數人將選擇每個月支付 10 美元－就像你購買智慧型手機那樣－因為這是「現在」的最佳選項，即使是稍後最昂貴的選項（按按計算機！）。

可用性是雙向道

在 UX 中，我們經常談到可用性。大多數時候，我們希望事情變得更容易、更快速、更簡單，這些都是使用者現在想要的東西。在你的設計中，一切都應該以讓使用者盡快且容易達成最有價值的行動為依歸。然而，你的設計也應該讓破壞性的動作耗費更多時間，緩和一下使用者的情緒，好讓它們感覺起來不那麼具有吸引力。

就像 Facebook。

當你試圖停用 Facebook 帳號，它利用雙曲貼現改變你的想法。表單既冗長且無趣，所以你的情緒隨著時間慢慢冷卻，到最後，它展示朋友的照片，暗示你即將失去這些聯繫，這種感受抑制並且取代了告別 Facebook（以及所有相關內容）的衝動。

大多數人會中途放棄，即使，就技術而言，並沒有什麼事情阻止他們停用 Facebook 帳號。

6

資訊架構

什麼是資訊架構？

目前為止，我們主要在討論使用者和 UX。在這一課中，我們要實際開始處理一些與內容／資訊相關的東西。設計真實解決方案的第一步是處理事物的一般化結構。

資訊架構（*Information Architecture*，*IA*）的想法賦予一群資訊某種結構（亦即，以某種方式組織它）。在小型專案中，IA 相對簡單；在大型專案中，IA 複雜得令人難以置信。IA 是看不見的，為了處理它，我們必須繪製網站地圖。

這個例子顯示「包含六個頁面的網站」：主頁面、主選單中的兩個區段，以及三個子區段。其間的線條指明哪些頁面透過導覽機制（選單與按鈕）被連接起來。

> **注 意**
>
> 一百萬個使用者並不表示你擁有一百萬筆個人基本資料（profile）。你可以準備一個專門顯示任何使用者基本資料的頁面。

當網頁依此方式被組織時－就像族譜－它被稱作「階層結構」或「樹狀結構」。大多數網站和 app 都是這樣被組織的（但並不是唯一的做法）。

繪製網站地圖沒有「規則」，但下面有幾個一般性原則：

- 只因為看起來很簡單，並不表示它是合理的。
- 保持清晰可讀。
- 通常從頂端畫到底端，而不是從左到右。
- 網站地圖不必「花俏」，它是技術文件，而不是時裝秀。

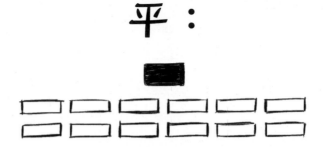

深或平，魚與熊掌

一般來說，網站地圖不是非常「平」－選單裡包含較多區段，較少點擊即可到達底端－就是非常「深」－選單較單純，但需經較多點擊才能到達你要去的地方。

請注意，在這個範例中，二個網站結構包含一樣數量的頁面。相當，但不相同。

包含大量產品的網站，如 Wal-Mart，往往需要深層的結構；否則，選單會變得很荒謬。像 YouTube 之類的網站，只有使用者與影片需要處理，通常比較平坦。如果你的網站既深又平，那樣不好，你可能想要簡化一下你的目標，或者設計良好的搜尋機制，作為核心功能。

常見迷思

你可能聽某些人說，不論何時都應該遵循「三次點擊就解決」（three clicks away）的原則，這表示，他們可能是在 90 年代學習 UX 的，而且，從那時起就沒再學什麼新東西了。改將焦點聚集在使用者身上，確保他們隨時瞭解自己身處何地，欲往何處。如果你的導覽機制簡單明瞭，點擊次數其實沒什麼大關係。

使用者故事

資訊架構未必容易解釋，如果你可以在腦海裡仔細釐清並且跟團隊好好談談，事情會比較容易處理。使用者故事幫助你做到這一點。

使用者故事描述用戶在你的網站或 app 裡能夠採取的一條可能路徑，應該是簡短而完整的。你將需要用到許多使用者故事，才能夠完整描述你的設計。

Google.com 的基本使用者故事可能像這樣：

1. 使用者到達搜尋主頁面。

2. 使用者輸入任何查詢語句，並以滑鼠或鍵盤進行提交。

3. 下一頁顯示一序列搜尋結果，頂端是最相關的結果。

4. 使用者點擊連結，到達合適的網站，或者瀏覽更多的結果頁面，直到發現有用的東西。

這有點太過簡化，但是你應該瞭解當中蘊含的觀念。

請注意，故事裡頭沒有東西具體點出如何解決或設計這些動作，只是說明它們的可能性。這些故事的目的在於描述流程、一序列的使用者選擇，而不是最後的使用者介面。

如果流程既簡單又有效，那就沒錯（目前為止）。

經理人經常認為使用者故事是一種向設計師預訂 UX 的機制，那絕對是錯的。為什麼？因為使用者故事基本上是一序列的功能或特點，並且對最終的解決方案具有重大的影響。UX 設計師撰寫使用者故事，跟團隊溝通，*而不是反過來*。那樣就好比告訴 *Bob Ross*[*] 要使用什麼顏色！（我會說米開朗基羅那種用色，不過說真的，我做了正確的選擇。）

---

[*] 美國畫家、藝術指導與電視節目主持人。Bob 以平靜的繪畫態度與耐心的指導解說為特點，在著名的電視節目「歡樂畫室」中擔任即席教學畫家兼主持人。

資訊架構的類型

有許多方法可以用來組織大量資訊，其取決於內容的類型或專案的目標，不同的結構各具優缺點。

好的，那麼，你現在可以撰寫使用者故事，我們必須讓你的 IA 回歸於此。你的頁面結構決定使用者故事裡的步驟，而且，為了組織頁面，你必須選擇一種 IA 類型來操作（或兩種，但現在先保持單純）。

IA 的類型包括：

- 分類
- 任務
- 搜尋
- 時間
- 人

請容我為你說明如下（DJ 放音樂…）：

分類

當論及 H&M 之類的零售商時，你可能會把它的選單想像成一組分類：「男裝、女裝、童裝、促銷品」等等各種內容類型。當你點擊那些分類時，希望看到與該分類相關的內容。

這是最常見的 IA 類型，然而，如果分類太過複雜，如金融商品、化工原料或情趣用品（我朋友說的），那麼你跟使用者對那些類別的內容可能不會有相同的預期，而且，那可能會讓人覺得很困惑。如果我想要購買情趣按摩棒，是要到「電動類」或「發光類」下面去找？生活中，困難的問題層出不窮。

任務

另一種組織網站或 app 的方法是透過使用者需要達成的目標。如果你是銀行，或許「存款、貸款、投資理財、開戶、尋求協助」會構成較簡潔的選單，如果使用者知道他們想要什麼，這就是組織你的設計的好方法。但要注意：使用者未必總是擁有充分的資訊，而足以選擇自己的探索旅途。

如果仔細想想，你會發現，就同一家公司而言，基於任務（task）的網站與基於分類（category）的網站看起來可能非常不同，那可是一項重大的抉擇。

搜尋

如果你的網站非常複雜，或者充滿由使用者生成的內容，基於搜尋的架構（如 YouTube）可能比較適合。如果 YouTube 只包含分類（好笑、悲傷、廣告、電影等等），實際上會很難用，把分類弄正確需要耗費大量心力！

時間

如果你是 UX 新手，這可能會讓你覺得有點困惑：你也可以設計隨時間改變的 IA，最簡單的版本就是你的收件匣。在當中，訊息按照到達順序被顯示，亦即，**基於時間**的 IA 設計。在網站上，你會準備一些頁面，顯示「熱門、收藏、稍後、最新」等等。Reddit 或 Facebook News Feed 也是基於時間的設計範例。

人

Facebook －或任何社群網路－具有以人為本的 IA，所有頁面都圍繞著「某個資訊是關於誰」以及「他們之間的隸屬關係」而設計。針對某人的基本資料，Facebook 使用分類（照片、朋友、地方）來組織不同類型的內容。

可能還有許多其他類型喔！

靜態和動態頁面

有些頁面總是一樣，有些則隨使用者而異，兩種不同的版面配置表示兩種不同的設計思維。

什麼是靜態頁面？

靜態頁面（或畫面）是數位化版面配置的最基本形式，對所有使用者來說，每次看起來都一樣。**寫死的。**

實際範例可能是你在 13 歲時所建立的網站。在當中，一堆隨機動畫 GIF 被布置得亂七八糟，旁邊還有一張偶像照片，加上有點過於誠實、但隱約耐人尋味的自我介紹（13 歲的超齡演出）。

或者，你知道的，你的作品集。

然而，靜態頁面不是比較差，只是比較簡單，*apple.com* 上的許多產品頁面都是靜態的，因為它們只是圖片和文字，何必過度複雜化呢？

什麼是動態頁面？

動態頁面不是固定不變的頁面，它們會變動，例如：

- 動態頁面可能回應你的選擇，當你在結帳流程中選擇較昂貴的運送方式時，總價會自動改變，不需要離開這個頁面。

- 針對不同的使用者，動態頁面看起來可能不一樣。在相同的頁面設計下，每個人的 Facebook 基本資料可能顯示不同的內容，因為該頁面是**動態的**。

- 動態頁面可能充當大量內容的模板。*New York Times* 網站上的每一篇文章可能都使用同一個頁面作為模板，然而，該頁面被填上你每一次選取的文章。

內容 vs. 容器

靜態設計比較像是確切不變的版面配置,因為靜態設計未「做」很多事情,你設計的東西只是有點像……坐在那兒－就像老闆那樣!

針對動態頁面,你必須設計**容器**,而非內容本身。絕不可能確切不變。

放置**任何**標題的空間、放置**任何**產品圖像的空間、放置15000篇文章的空間－任何主題,從嬰兒、小賈斯汀、拉花藝術,到嬰兒時期的小賈斯汀、拉花藝術的小賈斯汀等等。

容器可能有不同的高度(短文章或長文章)、不同的寬度(短標題或長標題),或者,有時甚至可能是空的!

建立絕無失誤的使用場景

如果很長的標題會破壞你的版面配置,請改變版面配置,或者不允許人們產生太長的標題;如果你的版面配置會因為有人上傳微小照片而變得亂七八糟,那就改變版面配置,或者不允許他們上傳微小照片。

通常,變更版面配置會比較好。然而,不要害怕建立有用的限制,好讓使用者能夠做出更有效的選擇。140個字元的限制無傷 Twitter 的美妙,對吧?不過,身為設計師,也不要因為「版面配置就應該這樣」而對使用者施加不必要的限制。使用者鐵定不喜歡。

在此放置任何圖片

什麼是流程？

如果你想要讓使用者從 A 到 B，你必須設計如何讓他們到達那裡，而且，你確實想要使用者從 A 到 B。

想像一下，你的使用者是處於某個實體場所的一大群人，像是紐約中央車站。不難預測，群眾會在車站內外四處移動，如果你是設計該車站的建築師，你必須確保動線順暢，人群容易移動。

app 或網站也是類似的概念，數千或甚至數百萬個人需要在你的資訊架構中順暢移動，不會卡住、不會迷失。而且，使用者越容易「流動」到想要去的地方，你的設計就運作得越好，他們也會覺得越快樂。

無論是結帳、專案組合管理，或是 Facebook 的註冊流程，這都是必須思考的重點。

就像多數人會從前門到月台搭火車，或者從一列火車轉乘另一列，你的 app 或網站也需要考慮常用的路徑。

別光顧著計算點擊數或頁面數

中央車站的建築師並未計算人們要走多少步，或者穿過多少甬道，因為那不是重點。

在適當時間提供人們適當資訊比較重要，讓他們知道何時要左轉或右轉才能夠找到想要搭乘的列車。長長的廊道（就像包含許多網頁的流程）即使冗長，使用上可能非常簡明清楚，而短短的廊道裡頭若是包含太多指示牌，反而造成混淆。這就像包含許多複雜選單的網站，即使它「只」是一個選擇。

避免產生「死胡同」

如果你把一群人送進沒有出口的廊道，那會有問題，尤其是在有人放屁時。

如果使用者瀏覽多個頁面之後，最後到達沒有「下一步」的頁面，他們會不知所措，或者一肚子火，然後馬上離開。請確保使用者總有地方可去，並且知道如何到達那裡。

使用者不吃回頭草

我們經常想像使用者瀏覽回到開始的頁面，或者使用後退按鈕尋找他們需要的東西，這其實是不對的。

使用者動機罕見，而非常見

大多數設計師在想像用戶使用他們的設計時，會揣測用戶閱讀過所有文字，檢視過每個選單項目，並且一路瀏覽到網站底端，尋找他們需要的東西。

如果使用者被挾持，不得不在水刑威脅下探索你的網站，他們還是可能瀏覽得不是那麼徹底。如果使用者不是一心尋求他們想要的東西，每個額外的選單都會增加他們離開網站的可能性。

這包括點擊後退按鈕。

使用者只有在不知所措時才會往回走－那樣不好

你可能會把你的網站想成具有多個分支的樹狀結構，但使用者只會想到他們馬上能夠看到的導覽選項，或者那些他們已經走過的路徑。

如果使用者點擊後退按鈕，並不表示他們打算「往上一層」重新嘗試前一個決策，而只是意味著，他們不曉得該怎麼做。在使用者的心中，「後退」按鈕是「放棄」按鈕或「否定」按鈕，在使用者測試期間，如果你看到「後退」按鈕太常被點擊，就表示他們沒有找到自己想要的東西。而且，那是因為你坐在旁邊看，否則，他們私底下可能早就落跑了。

若要使用者往回走，就建立循環

當我說「循環」時，我的意思是：

- 網頁 A 連結到網頁 B。
- 網頁 B 連結到網頁 C。
- 網頁 C 連結到網頁 A。

使用者永遠可以繼續點擊，不會離開你的網站。

假設這個循環是你的專案組合網站，網頁 A 顯示完成的工作分類，網頁 B 是某個分類裡的一序列專案，網頁 C 是某個專案的詳細資訊。使用者可以選擇分類、選擇專案、閱讀詳細資訊，再瀏覽回到分類，完全不需要後退按鈕。他們可以遍歷整個專案組合，而不需要「往回走」。

如果使用者總是可以點擊並且**前進**，就沒必要停下來，**決定下一步往哪兒去**。做決定不容易，一遍又一遍地重複相同工作則很簡單。

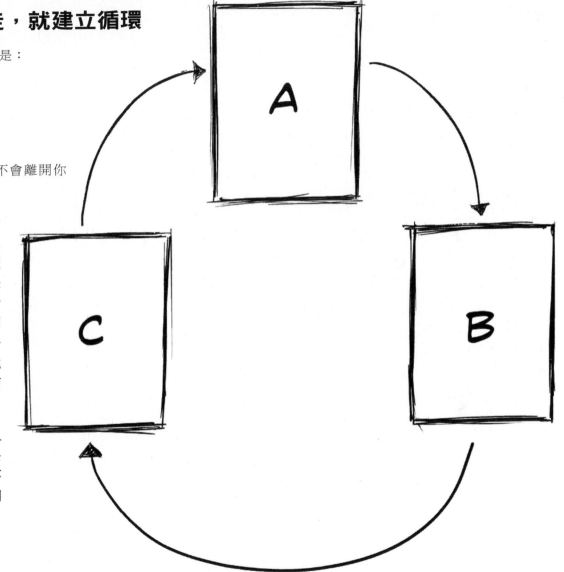

7

設計行為

根據意圖進行設計

身為 UX 設計師，總是應該將目標謹記於心：我們的目標和使用者的目標。不像 UI 設計師，你的 UX 技能（或缺乏的技能）是根據你實現這些目標的情況來量度的。

- 希望使用者做某事。
- 使用者想要做某事。
- 這兩件「某事」可能不一樣。

身為 UX 設計師

讓兩個目標一致是你的職責，當使用者完成他們的目標時，你也應該完成自己的目標，那表示，你不只是隨意設計作品；你胸懷意圖。商店意在販售物品，社群網路傾向於產生註冊與社群互動，色情網站意圖讓你…嗯，你明白的。

視覺設計師－就像 UI 設計師－設計介面本身，那很重要，但每個人對於它的外觀都有各自的觀點。很多觀點可能隱晦且無用，但觀點還是觀點。

UX 設計師策劃某事如何運作－使用者的行為，你看不到行為，但是，你可以量測它。

UX 設計並非見仁見智

開始接觸 UX 時，最大的新觀念之一就是：你現在主動且積極地參與設計，你可以預測和控制使用者選擇、點擊、按讚等事項。

UX 是設計的科學，全然關乎結果，但為了得到良好結果，你必須激勵使用者，讓他們更有生產力，這也意味著，某個 UX 設計會比另一個「更正確」，不管大家比較喜歡哪一個。而且，我們可以證明這一點，有時候，使用者甚至偏愛錯誤的那一個！（第 24 課的內容）。

對許多人來說，這是很難接受的事情。

在接下來的五堂課中，你將學習如何讓人們糾結於一些想像的事物、在你發出鈴聲時忍不住流口水、如何「像病毒般擴散」、建立讓人上癮的遊戲，以及在你的設計與內容中建立信任感。

獎與懲

如果將心理學比喻成數學，在這一堂課中，我們將從加減前進到乘除。
很簡單，但是它讓你能夠設計出一種隨著時間成長的行為。

感情，不是事物

多數人都熟悉獎勵或懲罰的一般性觀念，獎勵＝好，處罰＝壞，但很多人都不瞭解，獎勵和懲罰是一種感情，而非事物。

當你在學校表現優異時，父母可能送你玩具，玩具引發幸福感。類似地，當你跟化學老師一起製造安非他命時，爸媽可能拿走你心愛的自行車，懲罰其實是那種負面的感覺，而不是自行車，不過，那種感覺才是我們真正在意的原因。

也就是說，獎勵與懲罰是情緒，你可以透過無數方法觸發那些情緒。

給你自己反饋

關於情緒，令人興奮的是，你的大腦針對已經發生的事情提供反饋給它自己。INCEPTION（電影：《全面啟動》）*。

然而，身為設計師，你可以控制發生什麼事情，那表示，你可以控制反饋。這也表示，你可以透過獎勵使用者，訓練他們接受你覺得好的東西，並且懲罰使用者，產生制約，讓他們厭惡你認為不好的事情。這是非常有威力的事情，也是我們學習一切的機制。

---

* 科幻動作驚悚片，描述一名盜夢者，趁目標進入睡眠狀態之際，也就是人類心智最脆弱的時刻，深入其潛意識，竊取寶貴的秘密。

學習 = 關聯 = 信念

在我們的心理學模型中，最後一個非常基本的概念是關聯
（association）。隨著時間推移，我們能夠學習以正面或負
面的方式感受任何事情：你喜歡的顏色、你的幸運號碼、
你覺得很有吸引力的人格類型，這些都是很好的例子。

你將那些事情與正面的情緒「關聯」起來，因為它們與你
過去體驗的獎勵有關，即使那些關聯實際上是迷信（錯
誤的信念）。懲罰的運作方式與負面關聯一樣，那是信念
（包括宗教）產生的方式，寶貝！所以，如果你的目標是
創立邪教，你會愛上接下來的幾堂課。

如果你曾經想過人們為何每天花幾個小時在 Facebook
上，卻沒有人費心使用 Google+，現在應該明白了吧！

制約與成癮

身為 UX 設計師，你的工作是創造經驗，而不單單是觀察它們。因此，我們不只需要獎勵及懲罰使用者自然做出的事情，還需要以科學的方式訓練人們嘗試新事物，然後持續不斷地做下去，直到永遠。

「免費試吃」

毒販都知道，沒有試過就不會上癮，所以，當使用者初次造訪時，你的任務就是在一分鐘內將他們引導到正面的情緒。在我看來，這是非常重要的，沒有達到這個層次之前，你不應該貿然將產品推出。

重要事項

「懲罰」未必是痛苦的，把它視為一種成本，可以是心血或金錢。如果獎勵值得的話，人們會做一些工作或付一點現金以便獲得獎勵，然而，第一個獎勵應該免費奉送。總是應該如此。

制約的類型

古典制約

將選擇的信號連結到既有的行為。例如，當鈴聲響起，食物出現，狗狗流口水，在鈴聲與食物緊密關聯之後，單單鈴聲就會讓狗狗預期食物，滿嘴口水。因此，鈴聲現在促使狗狗流口水。如果讓人流口水是你的目標（嗯，怪異的 app），你就可以隨時觸發這樣的行為。

操作制約

獎勵或懲罰隨機行為。假設你找到某個新網站，並且撰寫一篇評論，十個人喜歡它，酷！再寫另一篇，另外五個人喜歡，哇！你寫上癮了，再寫第三篇，有人說你寫得很白痴，嗯，我猜，不會再有那樣的評論。下一篇會比較像頭兩篇，六個讚！現在，你正被訓練中。

獎懲的類型

你可以透過給予好東西或拿走壞東西,來獎勵某人。

如果你把事情做好,我會好好招待你,或者,我會停止讓狗狗在你的鞋子裡便便。無論何種方式,你的體驗會變得更好。

兩種方式都行得通。

然而,如果你做 100 件我喜歡的事情,你會得到 100 次款待,或者,只是你的鞋子裡仍然沒有狗便便。

身為 UX 設計師

聚焦在給予,而且隨著時間推移必須有進步的感覺,並且,你的使用者會成為死忠粉絲,而不是憎恨你。

塑造他們的行為

龐大的複雜行為從小處開始。想要你的鴿子學打保齡球?沒問題,在鴿子接近球時,給它一些獎勵。在鴿子離開球時,懲罰它。接著,要求更多。現在,它必須碰觸球才有獎勵,然後,它必須推動球才有獎勵,依此類推。

最終,鴿子會跟大家擊掌,並且一起喝啤酒。(這是心理學家實際完成的實驗,而且完全沒有鴿子受到傷害,我承認,我有點嫉妒它們的分數。)

時機很重要

你的設計多常獎勵使用者?

定期

如果使用者每次或每隔幾次獲得獎勵,他們會開始覺得那是應得的,就像薪水,很難被奪走,給予使用者的獎勵也一樣。然而,隨著時間推移,獎勵變得無聊乏味,產生的只是數量,而非品質。如果你的設計沒有某個東西就行不通(就像現實生活中的經濟活動需要金錢),那麼,保證工作酬勞是非常有用的。

隨機

吃角子老虎會經常獎勵你,恰足以讓你上癮,然而,其報酬是不可預測的,這可能是讓你上癮的最主要誘因,因為總是有機會:「下一把可能開大獎。」

身為 UX 設計師

奠基於內容品質的隨機獎勵 — 像是部落格或社群媒體 — 會提高內容的整體水平,如果使用者無法控制獎勵 — 如吃角子老虎 — 那樣很有效,但會讓他們更加自我中心。

讓人上癮

目前為止，我們以「非獎即懲」的方式討論獎勵與懲罰，然而，如果做某個動作會獲得獎勵，那麼，沒有做就會被懲罰嗎？

假設一下，人們因為覺得爽而第一次嘗試毒品。無論如何，之後不繼續吸食的話，就會覺得痛苦不堪，根本無法戒斷。

那就是成癮。再以 *FarmVille*[*] 為例，*FarmVille* 很容易上手，如果你持續不斷地玩，你的農場會成長茁壯，但如果不再玩，你的莊稼枯萎，心血付諸流水－除非你邀請朋友加入…或者付錢。

---

* Facebook 上的農場模擬遊戲，但不像開心農場主打偷菜吸人氣，FarmVille 更強調禮物分享，與好友聚集，搏感情、賺金幣。

gamification

（遊戲化）

遊戲和非遊戲的差異無關乎徽章和點數，而是關係到心理學。遊戲設計可以非常細緻，但是，讓我們從一些基礎知識開始。

就 UX 而言，過去幾年最時髦的想法之一，就是將「遊戲機制」增加到實際並非遊戲的事物上。遊戲非常擅長的一件事情就是組織獎勵與懲罰，按照某種機制，引導使用者達成一系列目標。如果你也想要那樣做，那麼，你來對地方了。

你將學習遊戲設計的兩個主要元素：

- 反饋循環
- 漸進挑戰

什麼是反饋循環？

反饋循環包含三種成分：動機、行動與反饋（情緒）。

使用者的動機可能已經存在，或者，那可能是你為他們設計的某種玩意兒，像是打敗**瑪利歐賽車**（*Mario Kart*）當中的**庫巴**（*Bowser*）。

一旦使用者受到激勵，我們必須透過某種方式告訴他們如何動作，例如，在啟動競賽時，告訴他們要解決什麼問題，或者讓他們輸入自己的意見等等。接著，他們需要反饋：評估、得分、按讚、即時的比賽排名，或其他讓使用者知道自身狀況的東西。

持續循環

它被稱作反饋「循環」，因為反饋應該是一種促使用戶再次行動的東西，或許他們會試圖超越舊紀錄，或許他們會想要贏得更漂亮，又或者，也許其他人喜歡他們所做的事情。

漸進挑戰

如果遊戲很容易入手，新用戶能夠馬上進入狀況，那樣很棒，但是，一旦人們瞭解遊戲如何運作，就不再只是要完成它，而是要把它做得更好。為了產生進展，你必須創造更大、更好、更困難的機制，來處理使用者已經知道的事情。

因為「進展」的觀念，超級瑪利歐（*Super Mario*）包含各層關卡、*Foursquare* 設置徽章、*Battlefield* 包含各種戰役，或憤怒鳥（*Angry Bird*）設置星星，後面的目標總是比前面的目標更困難。

通常，各家廠商會讓你付費，以便進入更高的層級，因為你現在已經上癮，不可自拔。Game/UX 設計師專幹這種勾當，你也應該這樣做。

遊戲的運作機制是動機和情緒

透過使用遊戲的符號，反饋循環把大腦的自然或「隱含」動機變成外部或「外顯」動機。獎懲是情緒，而非事物，重點在於：你如何觸發它們。

徽章和點數是一種機制，跟隨者和轉推者也是。成為朋友及按讚、你的工作職銜和薪水，以及你住的地方與開的車子－全都是「進展」的符號。

進展利用你追求身分地位的動機，一再地敦促你「升級」，那是取勝、提升或超越「庫巴」的動機，對！就是那個傲慢的臭傢伙。

社群 / 病毒結構

網際網路善於讓事情「像病毒般傳播」，但如果網站的意圖不在於創造病毒般的口耳相傳，事情就不會那樣發展。在這一堂課中，我們會學習如何將情緒性的內容轉換成病毒式的普及化。

病毒式傳播遠超過分享：它是一種功能

如果你正在建立具有社交功能的社群網路或 app，或者，你的網站奠基於使用者提交的內容，或者，如果你的夢想是成為下一個 Grumpy Cat（不爽貓），這一堂課便是為你準備的。

基本公式

使用者 A 的動作 = 給使用者 B 的回饋 = 給使用者 C 的內容

例如：

- 你在 Facebook 上分享朋友的照片，那是你的動作，提供你的朋友反饋。當你分享它時，其他朋友在他們的動態消息（feed）中看到那張照片，而且，有一則通知說你分享它。

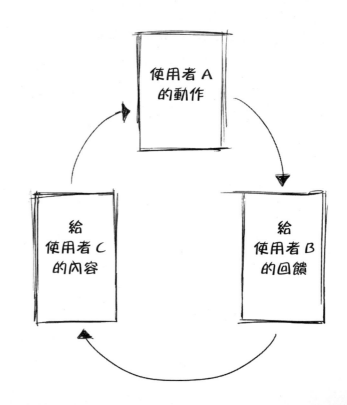

- 你轉推 Twitter 上的東西，原來的推文者（tweeter）得到反饋，你的跟隨者（follower）在他們的動態消息（feed）中看到這篇推文（tweet），源自於你。

- 你把某個東西「釘」到 Pinterest 上，原始釘圖者（pinner）得到反饋，你的跟隨者在他們的動態消息中看到「釘圖」（pin），源自於你。

等等！

於是，更多人看到它、做動作、提供反饋，並且建立更多內容…

哈！比一群得了流感的幼兒身上的病毒還要多。

無論如何，在 Facebook 中，按讚的權重不如分享；在 Twitter 中，收藏的權重不如轉推；而在 Pinterest 中，按讚的權重不如釘圖。

有些行動不建立病毒循環也無妨，但在你的設計中，它們在視覺上通常應該具有較低的優先性。

Facebook 的分享連結看起來太小且低調，而且位在清單末端。Twitter 的回覆與轉推則位在清單前端，但視覺上還是相當低調。Pinterest 的釘圖按鈕就相當明顯，醒目的紅色，位在清單左側。

就病毒式傳播而言，Facebook 糟糕透頂。Twitter 比較好（短時間內）。Pinterest 甚至更好（就圖片而言）。驚訝嗎？

為什麼行不通？

若是妥善處理，病毒結構達成幾件事情：

2 合 1 行動

毋庸置疑，最初展開行動的使用者是為了他們自己，病毒式傳播是將情緒性動作轉換成更多內容的自動化機器。

好東西傳千里

這類功能將你的設計變成「高品質內容」的機器，人們針對一塊內容所採取的行動越多，它的曝光率就越高，但若內容沒人喜歡，它便石沉大海。

社會認同

這顯示某人喜歡它，相關人等喜歡它，希望許多人都能夠喜歡它，接著，就會產生一些聯繫與歸屬。

自我推銷

因為大家都可以看到分享，這會激勵更多分享，讓自己的曝光度更高（地位）。

網路飽和度

當你認識的每個人都相信某件事，你更可能相信那件事。

如何建立信任？

在 UX 設計中，很容易一頭栽進結構與技巧中，而忘記一項事實：使用者是活生生的人，而且他們知道你是否在瞎扯，情境很重要，但誠信更要緊。

信任是關鍵因素，對你所做的一切來說

有很多方法建立信任，然而，當使用者不相信你的設計時，你的觀點往往阻止你意識到這一點。

下面七個簡單的想法相當值得參考：

1. 專業化

這可能很明顯，但你必須看起來像是一家真實的公司（而非詐騙集團）。部分關乎視覺設計，部分不是。真實的公司會保護你的資料，正常營運到下年度，準時寄送你付錢購買的東西。公司經常把全部注意力聚集在銷售團隊和行銷廣告上；同時，他們的網站現在已經五歲，然而，一開始並不是非常好，有損信任度。

2. 沒有 100% 的正或負

一流的產品審查有正評、有負評，而且，業經證實，在不是清一色五顆星的情況下，app 與書籍評等是最受信任的。事實上，幾個三顆星或四顆星的評等還會增加銷售量呢，「太過完美」啟人疑竇。

3. 民主化

全體使用者就像是一種品質過濾器，雖然人力可為，但有些公司利用人工智慧識別良好內容，或者防止詐欺行為。如果你建立了不易被濫用的投票和評等工具（限制重複投票、要求評等者具有特定經驗等等），實際上就是在識別使用者最信賴的事情。

4. 責任感

信任可以透過顯示及隱藏資訊而建構，真實的姓名與聯絡資訊可以減少侵略性的負面評等，讓公司感覺更親切。然而，隱藏身份能夠讓使用者感覺更自在，更願意分享私有的或令人尷尬的資訊，而且，相反的方向會得到相反的結果。另外，清楚表示你知道資訊的重要性與嚴重後果有助於建立信任感。

5. 優雅地處理負評

很多人在得到公開的負面反饋時驚慌失措，其實不需要。當公司收到負面反饋時，應該優雅且光明正大地處理，化危機為轉機，這樣做實際上甚至比正面反饋建立更多信任。所以，暫停一下，貼心一點，把焦點聚集在解決使用者的問題上，而不是保護你的自我。

6. 讓使用者充分瞭解狀況

很簡單，卻很容易被忽略。想想使用者需要什麼才能夠進行購買或註冊，會不會有運費？我的電子郵件會被洩漏嗎？我會收到一堆垃圾郵件嗎？你會立刻刷我的信用卡嗎？事先講清楚！最好老實說，而不是讓使用者瞎操心，即使真相並不是使用者想要的答案。

7. 使用簡單的文字

不要陷入這種迷思：以為複雜的言語讓你聽起來更有說服力，請像平常那樣說話，你搞得越複雜，理解的人就越少。沒有人會相信他們不明白的鬼話。

體驗如何改變體驗？

新用戶與老用戶會看到不同的設計。

超級使用者畢竟是少數

統計學來講，超級使用者或進階使用者不可能是「大多數」使用者；然而，你很容易會那樣想。

除非你的產品／服務具有高度技術性，否則，絕大多數使用者應該都是一般人，而不是超級聚焦的專業人士，就像你和你的同事那樣技術導向。

> **鐵的事實**
>
> 如果你想要的是數以百萬計的快樂使用者，就針對不專心的白痴做設計，而不是全神貫注的天才。

隱藏 vs. 可見：選擇的悖論

大多數專案會出現一種情況，你必須決定你希望版面配置多「乾淨」，設計師通常會選擇隱藏一切，因為那樣看起來比較清爽，非設計師則希望隨時都能看到自己喜歡的功能，每個人看到的都不一樣。

那麼，你如何做選擇？

可見的功能總是比隱藏的功能更常被發現及使用，每次看到它們都提醒我們這些功能的存在。然而，根據「選擇的悖論」（Paradox of Choice），你看到的選項越多，就越不可能做出選擇，因此，如果你為一般使用者提供太多選項，他們會抓狂、尖叫、奪門而出。

確保新手也能夠輕鬆找到核心功能，在理想情況下，並不需要點擊任何東西。另外，盡量讓超級使用者「容易」取得進階功能，即使它們並非隨時可見。

識別 vs. 記憶

你能夠馬上想到幾個不同的小圖示？如果我給你一個清單，你能夠識別出多少個？如果你是一般人，第二個問題的答案會比第一個多很多。

如果你設計的介面讓人們必須請求某種東西－如搜尋－他們只會使用那些記得住的功能，這表示，隨著時間推移，他們使用的功能會越來越少，而不是越來越多。

如果使用者被迫必須處理大量資訊，請提供他們一些分類作為建議，或者其他形式的協助，提醒他們到哪裡找！

學習是緩慢的；習慣是快速的

"Onboarding"（用戶引導，新用戶上手），我們用這個字來形容逐步引導的課程，或者新介面的簡單引介。它可以協助新用戶輕鬆找到主要功能，並且避免困惑，然而，當使用者已經使用你的介面兩年時，那會發生什麼事？

習慣非常快速地在使用者的心中被建構起來，所以你應該設計可用來執行關鍵功能的「快速機制」，那可能不太明顯。但超級使用者會花時間去學習，以便獲得額外的生產力。鍵盤快捷鍵、滑鼠右鍵選單，以及 ".@" 推文之類的 Twitter 小技巧都是這種想法的好例子。

8

視覺設計原則

視覺權重（對比與尺寸）

這一課是協助你引導使用者注意力的五個視覺原則之一，設計的某些部分比其他部分更重要，所以我們必須幫助使用者注意重點。

視覺權重（visual weight）的觀念相當符合直覺，在版面配置中，有些東西看起來比其他東西「更具份量」，比較容易吸引你的注意。對 UX 設計師來說，這個想法很有價值，你的任務是協助使用者注意重要的事情，而且，別讓使用者失焦，忘記目標，也是同樣重要。

透過添加視覺「權重」到設計的某些部分，你讓使用者更有可能看到它們，而且影響他們的目光接下來要注意哪裡。記住：視覺權重是相對的，一切視覺原則皆關乎「比較設計元素與它周圍的任何東西」。

那麼，事不宜遲，我想向你介紹 UX Crash Course（UX 速成班）的明星橡皮鴨：The Rubber Ducks！掌聲鼓勵。

對比

淺色小鴨與深色小鴨之間的差異稱作**對比**（contrast），區分越明顯，對比就越高。

在 UX 中，你想要賦予重要的東西更高的對比，就像中間那隻鴨子。在此案例中，多數圖像是淺色的，因此，深色鴨子就比較明顯，相反地，如果多數圖像是深色的，淺色鴨子就顯得突出。

如果這些是按鈕，而其他按鈕都是淺色的，那麼，多數人會點擊深色按鈕。

前面中間的鴨子比較引人注目，對比影響視覺權重。

景深和尺寸

在現實世界中，我們比較注意的是接近我們的東西，而不是遙遠的事物。

在數位世界中，較大的東西感覺起來比較近，就像第二張圖中間的鴨子，較小的東西感覺起來比較遠（像背景那隻模糊的鴨子。）。如果鴨子的尺寸都一樣，你可能會從左看到右（假設你是那樣閱讀的）。如果你運用模糊或陰影效果，景深感覺起來會更逼真。即使你的設計看起來「平坦」，尺寸也會產生這種效果。

基本上，你會讓比較重要的東西看起來比較大，這會在頁面上產生一種「視覺化」的階層結構，讓使用者更容易快速瀏覽，而且，這樣做也允許你選擇要讓使用者先注意到什麼東西。那就是為什麼「讓標誌更大」是錯誤的，除非你想要讓使用者緊盯著你的標誌，而不是購買東西。

前面中間的鴨子比較引人注目，景深和尺寸影響視覺權重。

顏色

現實生活充滿陽光、人造光、熱、冷、穿著、品牌、時尚，無數的東西影響我們對顏色的感知方式，身為 UX 設計師，我們可能不在意 Pantone[*] 與品牌方針，但我們絕對必須瞭解顏色的意涵。

哪隻鴨子看起來比較冷？或者有警示的意味？顏色本身是有意義的。

哪隻鴨子看起來比較「跳」？顏色會產生前後的區別。

---

[*] Pantone，彩通，一家專精開發及研究色彩的全球知名權威機構。

關於顏色，我們還可以從上一頁的七彩塑膠鴨中瞭解幾件事。身為 UX 設計師，我們通常以黑白的方式操作線框圖，那樣很好！我們聚焦於功能，雖然 UI 設計師能夠聚焦於外觀、感覺與風格，但有時候，顏色本身也是功能，例如，交通號誌，或者讓冰棒的顏色與口味互相匹配，沒錯。這真的很重要。

意義

在本課的第一個例子中，我們看到三隻不同顏色的鴨子：藍色、黃色和紅色，看起來美極了，很明顯，這些鴨子的色調不同，不難想像，顏色改變了每一隻鴨子的「意義」。

如果這些鴨子是按鈕，它們可能是「確認」、「取消」及「刪除」。如果是剩餘燃料的指標，它們可能代表「滿」、「半滿」與「空」。或者，如果是爐溫，它們或許是「冷」、「溫」與「熱」。

務必瞭解：鴨子都一樣，但顏色改變了它們的意涵，如果無須指示這類資訊，就讓 UI 設計師自行選擇顏色，但若有需要，則讓線框圖表達這個意思。

專業訣竅

別跟其他設計師為確切的陰影顏色爭執不下，在 UX 中，淡紅色（pale red）與原紅色（primary red）都是紅色，你只需要關切到這種程度即可。

前進與後退

還有一點要記住，顏色可以「大聲」（高調）或「安靜」（低調）。本課的第二個圖像顯示一隻紅色鴨子和兩隻藍色鴨子，紅色鴨子看起來稍微比較靠近，不是嗎？「購買」按鈕之類的東西應該採取某種讓它「跳」出螢幕的顏色，「向前跳」（前進）的顏色會吸引比較多人點擊。

另一方面，我們有時候會想要倒退一步，讓事情更清楚，但也不能讓人過於分心，就像那兩隻藍色鴨子。它們「後退」（向後沉），對一直在螢幕上的選單來說，這樣很好，如果它看起來好像一直在對你大呼小叫，那絕對沒必要，因為它搶走了更重要事項的焦點。

讓線框圖保持簡單

彩色線框圖阻礙功能細節，僅使用必要的顏色，但也別將線框圖搞得像藍晒圖，或者刻意為客戶將它梳妝打扮一番，造成與顏色相關的討論令人困惑不已：「不，這個網站不會是藍色的…」

結合視覺化原則

在上一堂關於視覺權重的討論中，顏色扮演著吃重的角色，大的東西引人注目，既大又紅的東西更是讓人不想看都不行！確認你的錯誤與警告標籤採用紅色且高對比的樣式。或者，假如你只是要確認使用者做了什麼事，具有低調綠色的較小玩意兒可能比較理想。

重複與打破模式

一個重要的視覺設計原則牽涉到創造模式，將使用者的目光引導到重要的事項上，而且，就像所有的好規則，模式就是用來打破的。

這些鴨子創造模式，重複改變感觀。

天曉得我們可以從橡膠小鴨身上學到這麼多？

人腦對於模式與序列特別在行，每當某事在本質上會一再發生，我們很快就會注意到。事實上，不只注意到，我們還會以不同的方式思考這些事情。

第一張圖顯示五隻相同的橡膠小鴨，然而，我們不會注意五隻個別的鴨子，我們只會看到一列鴨子，把它們當作一個群體或序列。而且，如果你生活在西方世界，你可能習慣從左看到右，因為那是我們習以為常的閱讀方式，如果這列鴨子是選單或清單，我們也會做相同的事情，因此，不難預期，比較多人點擊左邊的選項，比較少人點擊右邊的選項。

打破模式

第二張圖顯示相同五隻橡皮鴨（看起來還是不錯吧？），但是，這一次，其中一隻單飛了，我們管她叫碧昂絲（Beyonce）。

這改變了一切，現在，我們看到四隻（嫉妒的）鴨子排一列，而碧昂絲與眾不同，獨享眾人目光，事情就是這樣！很難不把注意力放在碧昂絲身上，即使五隻鴨子同樣美麗動人。

現在，如果是選單，中間那個選項被點擊的次數會遠比原先還多，因為我們的目光被它吸引住，另外，左邊的選項被點擊的機會連帶減少，因而獲得比原先更少的注目（但可能還是比右邊的選項受到更多注意）。

這一點威力強大，請務必知道。

看起來可能簡單明瞭，但是，當你將這個原則應用到你的設計時－或者你的基本舞步－可以讓使用者注意到重要的按鈕、選項或影視明星。

小心：模式破壞也會導致使用者分心，讓焦點遠離其他重要事項，在打破模式之前，你必須先建立一個模式。

結合你的原則

要產生模式或序列，請保持視覺權重與顏色一致。使用者的目光從一端開始，循著既定模式到達另一端。要打破這種模式，只需將它切換到你想要增加焦點的地方，使用出人意表的顏色、大小、形狀或樣式來設計「立刻註冊」按鈕，並且看到你的點擊次數持續增長一整晚！

模式被打破的地方，就是焦點之所在。

線張力與邊緣張力

如上一堂課所述,「重複」產生模式,然而,某些類型的重複也可以讓我們建立影響使用者目光的形狀與感觀。

你看到一列鴨子,中間有個空隙,為什麼不是看到 8 隻鴨子?

鴨子是不是已經快把你煩死了?應該不會吧!

視覺「張力」似乎是很基本的概念,然而,你會很驚訝地發現它的用處有多大。我們的大腦有點太善於看到事實上不存在的模式,身為 UX 設計師,你可以好好運用這個特點。

線張力

第一張圖顯示八隻鴨子排一列,我們看不到八隻獨立的鴨子;我們看到一整列鴨子,那就是線張力,這條線讓我們的眼睛遵循著這條「路徑」看過去。超級有用。

你看到 12 隻鴨子，或者由鴨子組成的方框，那就是邊張力。

如果我們打破模式－就像任何被打破的模式－那個「空隙」（gap）會吸引更多注意力。

邊張力

目前為止，我們假設只有一條線，然而，如果我們使用多條線建構線張力呢？

結果可能是「形狀」。

在第二張圖中，我把鴨子安排在方框的四個角落，你可以看到 12 隻鴨子，或 4 組，每組包含 3 隻鴨子，然而，你的內心真的想要看到方框，所以就真的有那種作用發生。除此之外，我們現在可以把東西放「進」方框（例如，更多鴨子！），或者在那些角落之間的空間。類似線張力，邊張力將焦點帶到那些空隙或缺口。

就整個版面配置而言，這樣做是把更多焦點聚集在某個小東西（像是標籤）的好方式，或者，你也可以建立通往你希望人們點擊之按鈕的視覺化路徑。高檔葡萄酒的廣告經常使用這種技巧讓觀眾聚焦在小標誌，而且，非常方便，它讓版面配置更簡潔，更有凝聚力。因為路徑或方框只是一種精神性的東西，但 12 隻獨立的鴨子真的太多，太不好處理。

結合你的原則

在這一堂課中，我略過「張力」空隙（gap）沒談，然而，你可以自行運用。另外，你也可以利用色彩在一序列項目上建立漸變梯度般的路徑，或者，你也可以透過把它們視為一個「形狀」，而不是各個獨立的元素，來增加視覺權重。這是一種引導使用者目光的好辦法，而不需要額外添加任何東西到版面配置上！

對齊與接近

最後一個設計原則是如何為你的設計元素增加秩序與意義，而不需要添加更多元素，聽起來頗微妙，但它會影響你看到的一切，每一天、每一件事情。

對齊

在第一個圖像中，你看到六個一組、美得冒泡的鴨子，然而，你也看到多種隸屬關係，因為它們的排列方式：

- 我們看到兩列。
- 最左邊和最右邊的鴨子看似獨立。
- 中間兩隻鴨子看起來最有組織。
- 所有的鴨子似乎朝相同的方向前進。
- 如果看運動，最左邊的鴨子可能落後。
- 如果看運動，最右邊的鴨子可能領先。

這六隻鴨子一模一樣，只有對齊才能建立這些認知，具有類似功能的按鈕可以對齊一下。

對齊的鴨子，看起來比較具有關聯性。

各個水平的內容可以對齊，資訊能夠排列成由列與欄構成的網格，就像試算表（spreadsheet），進而產生複雜的含義。

接近

兩個物件之間的距離或接近程度會影響物件之間有無關聯的感覺，這個距離被稱作「接近（*proximity*）」。

在第二張圖中，你看到六隻一樣的鴨子，沒有水平或垂直對齊，但你一定看到兩群鴨子。每一群鴨子看似聚在一起，就像一個團隊或一個家庭，產生這種看法的唯一關鍵就是它們彼此接近。

在你的設計中，讓相關的元素靠近一點，讓不相關的元素遠離一些，例如：全與一個動作有關的標題、文字塊，以及按鈕－例如，購買或 app 下載－通常會被設計成同一「套」，使用者自然而然就能夠明白它們是「一夥」的。

鴨子越接近，關係看起來就越密切。

使用運動處理 UX

在數位化設計中,將動畫或運動納為 UX 一部分的做法越來越普遍。相關細節涉及風格與樣式,但在 UX 中,你關心的不只是風格與樣式。運動是一種工具。

如果運動造成人們等待,那就不好

在開始設計不同畫面之間的絕妙過渡、流暢的動畫按鈕,以及看起來具有重力加速度效果的捲動之前,好好想想使用者。如果他們嘗試瀏覽或試圖瞭解即將發生什麼事,或者,如果他們每次使用你的網站或 app 都得耗費時間觀看這段動畫,那麼,你這樣做可能顧人怨,弊大於利。

動畫需要時間顯示,而且,讓使用者等待很快就會變成一件令人沮喪的事情,甚至比等待還糟糕。有時候,動畫讓頁面變得難以閱讀,或者讓使用者分心,因而未注意到你希望他們閱讀及點擊的內容與按鈕。

運動優先受到注意

如果你曾經被振動的橫幅廣告或跳動的按鈕干擾過,你便能夠充分理解運動如何吸引你的注意力。如果按照優先順序列出大腦會注意的事情,運動應該是第一名,但是,還有一段路要走。如果你創造出振動的橫幅廣告或跳動的按鈕(順便一提,那真的很難點擊),我一定不會輕易饒過你…嗯…就說那不是很美觀吧!

直線通往某個方向

不同類型的運動會對使用者的眼睛造成不同的效應，如果你讓某個東西以直線的方式移動，使用者的大腦會預期它的走向，使用者會觀看「直線的尾端」。如果你利用運動強調某些關鍵功能，或者告訴使用者要往哪裡去，直線是很好的選擇。

直線

弧線讓人遵循彎曲的路徑

無論如何，如果你想要引導使用者在畫面上繞行－例如，在初次說明你的 app 時－曲線運動有助於讓他們的眼睛緊盯著那條路徑，並且停駐在動畫停止的地方。

弧線

9

線框圖與原型

什麼是線框圖？

線框圖（wireframe）很重要，甚至是不可或缺的，如果我們是「建築師」，線框圖就是建築藍圖。但簡潔的外觀讓某些人誤以為它們是輕輕鬆鬆就能完成的單純文件。

線框圖是技術文件，內含直線、方框與標籤，或許有一、二種顏色，大致上就是這樣。

線框圖常與藍圖相提並論，因為兩者目的相仿。藍圖告訴建造者如何執行建築師的計劃，藍圖處理的是比較大的工項，而不是選擇壁紙或家具之類的事情。藍圖是嚴謹的指示，而不是柔性的建議、「粗略的草圖」或「簡單的模擬」。所有你在白板上或腦力激盪會議中製作的草圖都很有價值，但並不是線框圖，而只是稍後製作線框圖的相關構想。

線框圖或許只需花一小時繪製，但可能必須耗費幾個星期或幾個月的時間來規劃，你的同事和客戶務必理解這

一點。如果其他開發者或設計師仍然無法使用你的線框圖，它就不算是線框圖，只能算是草圖。繼續努力吧！

什麼不是線框圖？

提到 UX 時，多數人想到由直線與方框構成的圖形，我們稱之為線框圖。不幸地，許多人把製作線框圖與建立 UX 搞混，傻傻分不清楚。

線框圖是一種規劃文件，一種為「建造者」準備的技術性指示文件。線框圖讓我們述說深刻洞察的資訊，例如「啊，我漏掉主選單！」就像建築師說，「啊，我忘記大門！」

儘管如此，線框圖廣泛地被誤解及誤用，以下列出什麼不是線框圖，看看你自己是否也犯了關於線框圖最**不可饒恕**的五大錯誤：

1. 線框圖不是基本草圖。

   我們常把線框圖當成簡單隨興的草圖，或設計工作的第一個步驟，「現在就弄個線框圖吧！」。不是這樣的，線框圖不是外觀設計，而是為了展示網站 /app 的運作方式。對整理想法來說，那些一開始畫在餐巾紙上的東西確實非常重要，但它們並不是線框圖。

使用文字和圖片解釋早期的概念 / 想法，而不是使用線框圖。把流程顯示成小圖示、手繪草圖、網站地圖、投影片或使用者故事；這些東西製作起來更快速，更合適且更容易幫助客戶理解我們的產品。

2. 良好的線框圖需要花時間。

   我知道它們看起來很基本，但那些空矩形的背後確實有很多地方需要思考。在特定頁面上，每個小片段都必須審慎被規劃及布置，每個連結都有它的目的地，每一頁都需要一個連結（在另一頁上），每個按鈕都必須位在使用者需要它的地方，而不是在使用者不需要它的地方。線框圖是 90% 的思考加上 10% 的繪圖，務必讓每個人都充分尊重那 90% 的部分！

3. 線框圖不分階段，整體呈現。

   在讓想法趨於完善的過程中，我們穿過一系列的「草稿」，然而，線框圖不是準備好，就是還沒準備好。如果因為某事還沒解決，尚未組織好，還不能運作，很難使用，或者有東西被遺漏，那就是還沒完成。如果你無法展開建造工作，那麼，線框圖就是尚在進行

中，別害怕讓客戶或你的經理知道這件事！奠基於半完工的線框圖所做的決定是一場即將發生的惡夢。經驗這樣告訴我。

4. 線框圖應該認真被看待。

我看過有人將列印的線框圖（紙本）從網站的一個部分移到另一個部分，因為那樣「感覺」比較好；我見過某個社群網站擁有一整組 70 頁的線框圖，卻未包含基本資料頁面（由世界頂尖的廣告公司之一設計！）；我看過沒有地方可以生成需要由使用者生成的內容；我見過客戶劃掉「馬上註冊」按鈕，只因為它在線框圖中看起來「不甚美觀」；我見過某個由全球性廣告公司設計並且發佈的網站缺乏主選單（你以為我在開玩笑嗎？）。

這些事情看起來可能有或沒有什麼大不了，但每一項都是可能摧毀產品或服務的嚴重錯誤範例。

請規劃足夠的時間處理線框圖－尤其是在一些大型專案中。標示及描述（亦即，註釋）每個頁面的每個元素，好讓開發者完全不需要問你某個按鈕應該做什麼。

5. 線框圖不是為了展示。

每次看到線框圖被塗得五顏六色、光鮮亮麗時，就有一種捶心肝的感覺，我立刻知道準備這些線框圖的人們不曉得自己在幹什麼：他們並未使用有意義的顏色

（紅色表示警告等），而是想要透過美觀的樣貌向客戶 / 老闆突顯事情的重要性，錯把焦點放在「外觀與感覺」（look-and-feel）上，然而，這個文件具有高度技術性的目的。讓線框圖看起來像藍圖，就如同使用 Comic Sans 字體撰寫合約文件[*]。

---

[*]　Comic Sans 字體通常用在非正式文件，請參考 *https://zh.wikipedia.org/wiki/Comic_Sans*。

學習技術，而非工具

UX 中最常見的問題之一就是「什麼是最好的線框圖工具？」。然而，當你充分掌握線框圖時，你會瞭解，這個問題的答案是：越簡單越好。

當我說我使用 Adobe Illustrator、Sketch 與 Apple Keynote 製作線框圖（除非專案非常複雜），許多設計師都感到驚訝不已。

我使用過 Omnigraffle、Mockflow、Balsamiq 與各種其他選項，這些軟體可能針對線框圖而設計，也可能不是，但說真的，我認為大多數對大部分情況來說都太複雜了。

不同工具適用不同狀況

如果你正在建造包含大量不同內容的複雜網站，例如，為員工數萬的大型公司打造龐大的國際化企業內部網站，那麼，你可能需要用到威力強大的工具。

然而，對大多數專案來說，殺雞焉用牛刀。

我曾經以基於 Web 的繪圖工具設計過一整個回應性絕佳的社群網路，以 Keynote 設計過預算高達六位數的 iPad app，也曾經完全以 Illustrator 為有線電視頻道的領導廠商設計過網站。

大家都很滿意。

我的建議是：找到並且使用足以處理手邊專案的最簡單工具，並且製作團隊可以輕鬆共用的文件。

這些文件是線框圖，而不是蒙娜麗莎的微笑。

設計最佳解決方案，而不是該工具能夠處理的解決方案

不管做什麼類型的設計，總是應該確保你的設計奠基於你需要的解決方案，而不是奠基於你的軟體具備的功能。

總是先設計你想要的東西，然後利用線框圖將它轉化成技術文件。如果你直接使用線框圖工具解決問題，那麼，恐怕從一開始就走錯路了。

通常，鉛筆和紙張是最好的線框圖工具。

我給 UX 新手設計師的第一個建議就是使用鉛筆和紙張製作線框圖，直到你需要以非常具體且技術精確的方式處理某個數位元件。

快速繪製草圖，粗略描述你的想法，嘗試十種不同的版本，整理並且排序相關想法與版面配置，**再**使用你的電腦製作正式的文件。

避開便宜行事的例子

最常見的設計錯誤之一就是忘掉較不尋常的使用者行為。如果你的線框圖僅僅處理理想的內容，你的設計在現實生活中可能行不通。

如果你的設計「只」適用於 90% 的使用者，這樣絕對不行。

根據我的經驗，UX 設計的對話聚焦於你想要使用者如何使用你的產品，而不是他們能夠怎麼使用。那樣的思維是很危險的。

如果你聽到自己這樣說，「大多數標題可能不會超過一行」、「使用者的朋友可能不會超過一千個」，或者「大多數使用者可能會使用自己的臉部特寫作為基本資料的圖片」，那麼，你可能正在自己挖坑給自己跳。

可以多短？

萬一有人使用句號當作標題呢？完全空白？僅使用一個單字作為說明？或者，萬一整個部落格只是一些包含一個單字的貼文呢？

很容易就會想像大家都在做一般的事情，然而，人類創意無窮且千奇百怪，也許他們正在撰寫關於標點符號的文章，或者他們的部落格主題就是「每日一字」，又或者他們可能不需要你的功能之一。在 Pinterest 上，人們經常透過鍵入單一句號而「跳過」描述，如果你要求使用者必須點擊文字才能瀏覽，他們現在就得試著點擊單一句號。

可以多長？

這是設計時比較常犯的錯誤：忘記「真的很長」的可能性。

在 1999 年，歌手 / 詞曲創作者 Fiona Apple 推出第二張專輯，專輯名稱包含一整首詩。我曾經見過某家公司的註冊名稱足足有 40 個字那麼長。我也曾經看過，在某個部落格裡，整篇貼文都在標題中，而「內容主體」完全空白。

如果你正在設計音樂網站、商標清單或部落格模板，這些行為仍然可以順利運作嗎？或者會毀了你的設計？

萬一不存在呢？

非常容易且普遍被忘記的是「空白狀態」的設計，例如，如果使用者還沒有發佈任何內容，頁面看起來會是什麼模樣？別只是讓它呈現一片空白；好好設計一下頁面在這種情況下應該是什麼模樣。

萬一有人將它刪除？

比較困難的「空白」版本是「被刪除」，例如，在 Reddit 上，使用者可以發表留言，其他使用者可以回覆它，接著，原始的使用者可以刪除該對話中的第一個留言。

如果這樣的事情發生在你的設計裡，會是什麼情況？萬一有人分享了已被刪除之物的連結呢？當使用者點擊該連結時，他們會看到什麼？

可能發生的最壞狀況是什麼？

不要問你自己大多數使用者會做什麼，那個部分很容易處理。而是要問你自己使用者可能怎麼濫用你的設計，限制他們可以輸入的字元數量，或者讓你的設計能夠因應只有標題、沒有標題的狀況，或者移除讓他們刪

除某個貼文的按鈕，或者在太長的情況下添加省略符號（結尾連續三個點號，亦稱作**截斷！**），或者在使用者編輯原始內容時添加小註解，讓其他人知道它已經改變了。

另外，使用大量醜陋、不尋常的圖像測試你的設計！當 Naked Ninja Association（裸體忍者協會）的會員上來註冊帳號時，你會感激我的。

什麼是設計模式？

當許多設計師面臨相同的挑戰時，某人以優雅的方式解決它，眾人群起效尤，這個解決方案被稱作設計模式。

設計不會只因為具有通用性就一定好，要成為「良好」設計模式，解決方案必須是通用且可行。

某些設計觀念廣受歡迎，因為它們允許懶惰的 UI 設計師忽略某個深具挑戰性的功能，這就如同因為某人長得醜就拿東西把他的頭罩起來。

例如：Facebook 的「漢堡」選單按鈕－那在許多行動 app 中代表隱藏選單－已經開始出現在具有足夠空間容納選單的全尺寸網站。這是很常見的做法，因為隱藏選單比設計良好選單簡單多了，而不是因為這樣做的效果比較棒。

在現實生活中，許多使用者完全沒注意到隱藏的「漢堡」選單按鈕，他們不知所措，或者乾脆離開網站。

真糟糕。

真是懶。

「別那樣做，賤貨。」—Jesse Pinkman[*]

現在，有數百個設計模式存在，隨著裝置和技術演進，它們持續在改變，所以無法在此一一表列。然而，如果你去 Google 一下「UI 設計模式」，你會找到許多網站蒐羅了一些常見的解決方案（無論好或壞）。

---

[*]　Jesse Pinkman 是電視連續劇《Breaking Bad》（絕命毒師）裡的一個角色。

Z模式、F模式、視覺階層

很容易就會「幻想」使用者興奮地閱讀你所撰寫的每一個字母，以及你所準備的每一個圖素，千萬別陷入這種迷思，因為使用者實際上並不會這樣做。他們只會「掃描」（快速瀏覽）過去。

「掃描」意味著使用者僅於有東西抓住他們的目光時才會停下來細讀，這一堂課全然關乎掃描模式。

每次使用網站或app感覺上可能都是不同的體驗，但事實上，人們檢視任何設計的方式相當具有可預見性。

Z模式

讓我們從最無聊的設計開始：一整頁報紙的文字，全部屬於同一個故事，無標題、無圖像、沒有段落，也沒有醒目的引文；只有文字，一欄又一欄，從左上角到右下角。

在那樣的設計中－希望你永遠不要建立這種東西－使用者通常會以「Z字形」的模式進行掃描，從左上角開始，一路到右下角結束。在這種版面配置中，任何不接近「Z模式」的東西都不會被注意到。

無聊！Zzzzzzzz…（看看我做了什麼？）

我之所以花了這麼多時間教導你視覺設計原則，是因為，這樣的話，你就瞭解其實可以更妥切地處理這個版面配置。

啊哈！

如果我們加上更大的標題（視覺權重）、建立一「欄」供用戶遵循（線張力），並且使用較小的段落（重複性），便能夠讓人們更貼近著名的F模式。

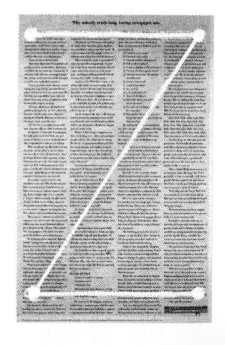

F 模式

類似的版面配置 = 類似的掃描模式。如果你追蹤使用者的眼球運動的話，Google 搜尋結果就是絕佳的 F 模式。

不久之前，F 模式讓 Nielsen Norman Group 的創始人聲名大噪，他們仍然維護著很棒的部落格，並且發佈許多值得一讀的好報告。

F 模式運作如下：

1. 從左上角開始，就像 Z 模式。

2. 閱讀 / 掃描文字的第一行（標題行）。

3. 沿著欄的左側往下掃描，直到發現有趣的事情。

4. 較仔細地閱讀有趣的事情。

5. 繼續往下掃描。

6. 一遍又一遍地重複這個做法，這個掃描模式看起來就像 "E" 或 "F"，因而得名。

這為什麼很重要？

你可能注意到，頁面的某些部分「自然」得到許多關注，其他部分則大半被忽略，這就是版面配置當中所謂的「強」（strong）與「弱」（weak）點。

左上角的按鈕會比**右上角**的按鈕更常被點擊，這又比**左下角**的按鈕更常被點擊，而這又比**右下角**的按鈕更常被點擊，而且，這一切又比隨機布置在中間的按鈕更常被點擊，除非你針對它們做一些特別的處理。

瞭解每個內容「區塊」（block）與每一欄都能夠有自己的 F 模式，可能也很好，不一定得是每頁一個 F 模式，但那又是更進一步的探討。

建立視覺階層

當你利用特定字體來表示文字的重要性、運用某些顏色來突顯按鈕，並且賦予重要事項更多視覺權重時，那樣做建立了*視覺階層*（亦即，方便人們掃描的設計），我們的眼睛會從重要的事項跳到重要的事項，而不是像機器人般地循規蹈矩，慢慢掃描。

有些設計師認為視覺階層是很棒的機制，因為*感覺*上比較好，但真正的原因是因為它比較容易掃描。

版面配置：頁面框架

既然已經確立目標，研究過使用者，並且規劃出資訊架構，現在，就讓那些計劃付諸實現吧！

儘管你可能忍不住逐頁處理你的線框圖，千萬別那樣做！

如果你正在蓋房子，你不會從房間和家具開始，而是會從梁柱和牆壁開始，這是一種「三思而後行」（量測兩次，裁切一次）的事情。基本上，線框圖就跟紋身一樣：從大元件開始，再逐步填補細節。在我們的案例中，大元件是即將出現在所有頁面的元素：導覽列與頁腳。

頁腳

頁腳通常是一系列靜態連結，這些連結太過一般化，而且重要性不足以在主要導覽列中占有一席之地。實際上，某些網站具有非常良好的頁腳設計，那是很棒的，但如果使用者需要這些連結才能夠順利使用網站，那麼，這樣的頁腳恐怕是喧賓奪主了。

問你自己：「會有任何捲動不完的頁面嗎？」如果答案是肯定的，請確認頁腳上的一切皆可在別的地方找到。如果語言支援選擇器位在頁腳，那麼，每次要改變語言支援時，都得捲動半天，那不是很煩嗎？

導覽列

選單至少有兩種型態：主選單與子選單。

主選單

如果資訊架構處理得當，那麼，你已經知道主選單應該包含什麼內容，那些正是網站地圖的第一層連結（就在主頁面下面）。

選單項目的順序－從左到右或自上而下－應該依照使用者的興趣（而不是按照你自己的喜好）。

如果是全新的選單，那就盡量猜測吧！
並且告訴開發者，你希望很容易重新排
列順序。當網站開始實際被瀏覽時，請
確保你的順序與使用者的興趣一致，如
果不是，請修復它。

子選單

子選單也是網站地圖中的一序列頁面，
就在使用者所在的任何頁面之「下」，
你確實有做網站地圖，對吧？！咻，有
就好，稍微嚇了一跳。

子選單的主要重點是，理想上，它應該
位在每一個頁面的同一個地方，即使連
結時時在變，這樣一來，使用者很快就
會瞭解哪裡可以找到它。

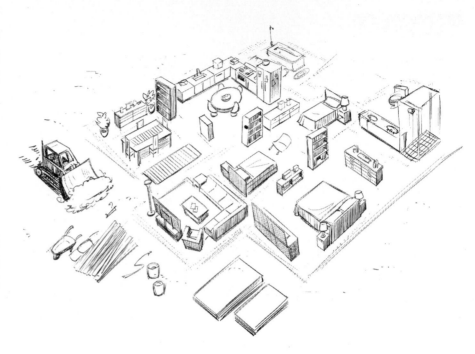

龐大的子選單絕不是什麼
好主意

當有人試圖辯解，硬說他們的龐大選單是可想見的最佳構
想時，我總是驚訝不已。這實際上意味著資訊架構（以及
資訊架構師）爛透了。

把一切集中於一個選單是全宇宙最懶惰的設計，絕對
可以做得更好。

選單就像約會：如果你需要 7、8 個以上的選項，那麼，
傷某人心的時候到了－或許是傷你自己的一片真心。

摘要

在深入內容之前，請先建構為 app 之所有頁面／畫面服務
的導覽列與頁腳，你以後會感謝我的。

版面配置：Fold、圖像和標題

在 UX 設計中，有許多常見的問題將出現在你的工作上，有些是你應該面對的，即使你不會遭遇到。

Fold

最普遍的老派誤解之一是關於 Fold*，稍微說明一下（假設你從未聽過），在你的設計中，這是使用者未經捲動即可看見的部分，在 Fold 之上的一切具有最高的能見度。但根據我所看過的研究，如果預期可以在 Fold 之下找到有用的東西，有 60% 到 80% 的使用者會毫不猶豫地向下捲動。

Fold 之上的內容應該告知使用者 Fold 之下還有哪些東西，如果使用者不知道下面有什麼，他們可能沒有足夠的興趣繼續往下探索。

小心：現在，很流行在頁面頂部使用龐大的背景圖像，如果網站看似在 Fold 處就結束，人們可能會離開，而不是向下捲動。如果你需要添加表示「往下捲動」的圖形，你的設計就顯得有點「弱」。

更多關於 Fold 的資訊，請參考 *http://thereisnofold.tumblr.com*。

圖像

許多 UX 設計師把圖像視為「非功能」，然而，圖像確實能夠引導使用者的目光，所以，你應該好好思考。

具體來說，在你的版面配置中，人像總是比其他東西吸引更多關注。一般而言，圖像增添的情感越多，使用者的參與度就越高。

---

* above the fold 是一個平面設計術語，通常是指報紙版面上第一版摺疊線以上的重要部分，而 Fold 可視為這道摺疊線。

- 選用增添情感的圖像，並且引導使用者的目光。
- 利用標題將使用者引導到最重要的事情上。

標題

在版面配置中，除了人像之外，我們的眼睛最容易被吸引到最大、最高對比的區塊，因此，在將龐大的標題增加到你的設計時，你已經選擇了人們會從哪裡開始掃描。

因此，務必讓你的標題對齊下方最重要的內容，假如說那段內容不是很重要，恐怕會吸引太多目光在它身上（因而遠離其他內容），如果沒對齊，使用者在閱讀標題之後會重新尋找一個新焦點。

摘要

- 在人們捲動畫面之前，提供他們某個可以聚焦的東西。
- 明白提示他們可以捲動畫面。

引導你的目光！

版面配置：互動軸線

在 UX 設計中，最常見的問題之一是「按鈕應該在左邊還是右邊？」嗯，看情況，取決於你已經建立的視覺「邊緣」（visual edge）。

這個想法看似簡單，實則不然。

人類的注意力非常有限，我們一次只能專注於一件事，例如，松鼠、Duck Dynasty*，或者極省布料的泳裝等。因此，當我們聚焦在某個內容區塊時，其他內容區塊等同不可見。

不信？看看你是否能夠順利通過 *Selective Attention Test*（注意力選擇測試）。

有趣的事實

在穿著極省布料泳裝的男性與女性照片中，眼球軌跡研究顯示，女性比男性更注意女性的胸部，而男性比女性更注意男性的褲襠，非關性感，而是關乎天生的競爭心態。

尋找邊緣

在所有設計中，你會用到在這個課程裡學到的視覺原則，在退後一步檢視版面配置時，會發現，你已經到處建立「直線」、「邊緣」或「區塊」。

它們可能是文字或圖像的對齊邊緣，或者羅列成群的相關事物，這些邊緣的每一個就是一條*互動軸線*（*Axis of Interaction*），你的眼睛會遵循一條軸線，直到這條軸線被打斷，或者到達它的終點。使用者的注意力幾乎始終聚焦在互動軸線，而且當他們停止聚焦在那裡時，他們會跳到下一條互動軸線。

因此，如果你希望人們點擊某個東西，就把它放在互動軸線上（或附近），如果你不希望人們點擊它，就把它放到別的地方。元素離軸線越遠，就越不容易被看到，而且，如果沒被看到，你就不能夠點擊它。

---

* 美國當紅的電視實境秀。

互動軸線

這是範例。

LOREM IPSUM DOLOR SIT AMET, MELIUS
TRACTATOS INCORRUPTE NAM EI, ET HAS MUNERE
GRAECI ADIPISCI. AN VEL MOLESTIE TORQUATOS,
ET MODUS PERCIPIT EOS, AT ERREM ORATIO NEC.
ERROR ELOQUENTIAM EX SEA, PETENTIUM
MAIESTATIS ET SIT, PRI ID UTAMUR MOLESTIAE.
EUM AT DISCERE SIGNIFERUMQUE, VOCIBUS
PLATONEM NE EST. PRO EXERCI LEGIMUS ID, EI
SED IGNOTA IRIURE PROMPTA. QUI EI NOVUM
BLANDIT ATOMORUM, VEL APPETERE PATRIOQUE
MNESARCHUM CU, CU AUTEM APPELLANTUR VIX.

LOREM IPSUM DOLOR SIT AMET, MELIUS
TRACTATOS INCORRUPTE NAM EI, ET HAS MUNERE
GRAECI ADIPISCI. AN VEL MOLESTIE TORQUATOS,
ET MODUS PERCIPIT EOS, AT ERREM ORATIO NEC.
ERROR ELOQUENTIAM EX SEA, PETENTIUM
MAIESTATIS ET SIT, PRI ID UTAMUR MOLESTIAE.
EUM AT DISCERE SIGNIFERUMQUE, VOCIBUS
PLATONEM NE EST. PRO EXERCI LEGIMUS ID, EI
SED IGNOTA IRIURE PROMPTA. QUI EI NOVUM
BLANDIT ATOMORUM, VEL APPETERE PATRIOQUE
MNESARCHUM CU, CU AUTEM APPELLANTUR VIX.

按鈕在這裡…

…或這裡…

…或這裡…

…或這裡？

互動軸線是你的目光自然會遵循的假想「邊緣」，元素越靠近軸線，就越容易被使用者看到。

表單

在處理你的設計時，遲早必須建構一種機制，讓使用者提供資訊給你，表單就是你會花很多時間處理的其中一個元件，而且必須充分顧慮到它們的可用性。表單可能造成混亂、錯誤，並且減損使用者的參與度，但它們也是網站中最有價值的部分之一。

如果它們不是你的設計當中最有價值的部分之一，那你何必使用表單？我不是有提到它們可能造成混亂、錯誤和參與度減損嗎？

一個長頁面或者幾個短頁面？

關於表單，最常見的問題－從 UX 設計師與行銷人員的觀點－就是「多長叫太長？」

盡可能保持表單簡短是很好的一般性規則，但若是合理，或者想要節省輸入步驟，防止使用者中途退出，那麼，也不必害怕將它分成數個頁面。重點是讓表單感覺起來很單純，將相關的問題湊在一起；移除不是真正需要的問題；並且使用你剛好需要的頁面數量，不多不少。

輸入類型

表單的目的是為了獲得輸入（亦即，來自使用者的資訊），而且有一些方法可以讓你收集這些資訊。無論你使用的是標準的文字欄位或超級客製化的滑動條，你應該選擇能夠提供最高品質之答案的輸入類型。

例如，假設你希望使用者挑選自己喜愛的山羊類型，複選方框和選項按鈕皆允許使用者從一序列選項中進行選擇，然而，複選方框讓他們選取多個選項，選項按鈕只允許一個選擇。

關於各種表單輸入類型，請參考：*http://www.w3schools. com/htmL/html_form_input_types.asp*。

不同山羊品種的表列：*https://en.wikipedia.org/wiki/List_of_goat_breeds*

如果你想要從使用者那裡得到更完整的答案，就使用複選方框。如果你想要更具針對性的答案，選項按鈕可能比較適合。

標籤和指示文字

在以標籤標註你的輸入時－使用者還能如何知曉要使用它們來做什麼？－請保持簡短、清晰、易讀，並且讓標籤靠近輸入欄位。在絕大多數情況下，這將解決 99% 的標註問題。

有時候，如果問題不尋常或頗為複雜，就需要一些指示文字（說明），在此情況下，增添一些解釋可能有幫助。如果只有幾個字，就把它放在標籤與輸入欄位旁邊，如果不只幾個字，就把它放在表單旁邊，而不是表單裡頭，以免打斷「知道自己在做什麼之使用者」的操作流程。

更多資訊，強烈推薦 Luke W 撰寫的《*Web Form Design*》。

預防及處理錯誤

當論及表單時，錯誤難免發生，你的職責是盡可能防止錯誤發生，並且盡量優雅地收拾善後。

你可以透過為輸入欄位增加一些智能機制，來預防錯誤發生，例如，如果某個文字欄位接受電話號碼，就讓表單足夠聰明，可以處理下列結構：（000） 000-0000 與 000 000 0000、0000000000 或 000.000.0000。（請跟你的開發人員談談這件事。）

為使用者提供你期待的輸入範例，這樣也能夠減少錯誤發生，你可以將它直接放在文字欄位（例如），或者作為指示文字的一部分。

當使用者漏掉某個問題或犯下特定錯誤時，你應該提醒他們，好讓他們能夠修正。如果問題可被驗證，你可以顯示打勾或打叉，指明輸入資訊正確或錯誤，這被稱作「行內」（*inline*）錯誤處理。密碼欄位也可以使用行內機制來指明你所鍵入之密碼的強弱程度。

如果你不能夠驗證輸入，就不要使用行內的錯誤處理機制，例如，在人們輸入名字時（你永遠不知道某個名字是否「正確」。）

當使用者點擊「下一步」或「完成」時，你能夠檢查表單，看看有沒有問題被遺漏，或者有什麼錯誤。如果有錯誤，就讓使用者清楚地看到他們錯過哪些東西，以及為什麼錯誤。

專業訣竅

確認使用者能夠從表單底部看到錯誤！如果他們必須向上捲動才能知曉發生什麼事，他們是不會那麼做的。

速度 vs. 錯誤

這個有點進階，但超級有用：

你正在詢問相當常見的問題，像是「名字」與「電子郵件」，或者比較不尋常的問題，像是「你喜歡什麼類型的絲絨藝術品？」。

對常見的問題來說，假如標籤位於輸入欄位上方並且與之靠左對齊，這樣的表單會讓使用者以最快的速度通過，它將一切都安排在互動軸線上。對罕見或複雜的問題來說，假如標籤位於輸入欄位左方（同一列），這種表單會稍微減緩使用者的速度，但產生的錯誤會比較少。

對大多數表單來說，請把「完成」按鈕放在左邊。在互動軸線上，如果表單會做出一些具有破壞性或至關重要的事情，請把「完成」按鈕放在右邊，讓人們稍微停下來尋找它，而不是反射性地點擊它。

咻，好長的一堂課！做得好！

主要按鈕與次要按鈕

使用者可以點擊或輕敲你的設計當中的很多東西，有些動作有助於達成你的目標，有些則否。

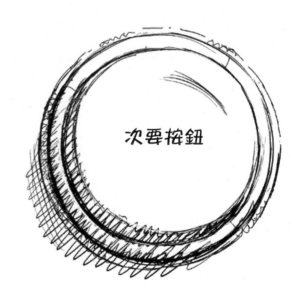

這個例子顯示兩個範例按鈕（別按它們）。一般而言，你只需要兩種按鈕樣式，因為大多數的使用者動作皆可歸於兩種類型之一：

1. 有助於我們的目標的主要動作。

2. 無助於我們的目標的次要動作。

主要按鈕

使用者能夠執行的某些動作是生產性的，像是註冊、購買、提交內容、儲存、發送、分享等等，它們產生之前不存在的東西，這些都是**主要的動作**，或者我們希望使用者盡可能經常做的事情。

執行主要動作的按鈕－主要按鈕－應該盡量明顯，我們可以透過稍早從本課程中學到的原則做到這件事。

主要樣式

與背景形成高對比（非常不同的顏色或陰影）。

在版面配置中的位置

在互動軸線上或附近，讓使用者反射性地先注意到它們。

次要按鈕

使用者能夠執行的某些動作是反生產力的，像是取消、略過、重設、婉拒提議等等，這些動作去除或停止新事物的產生，歸類為次要的動作，或者我們不希望使用者做的事情。然而，為了可用性，我們還是提供這些選項。

因此，執行次要選項的按鈕－次要按鈕－應該不要那麼明顯，防止意外或「反射性」的點擊。

次要的樣式

與背景形成低對比（類似的顏色或陰影）。

在版面配置中的位置

遠離互動軸線，使用者必須刻意尋找，才會注意到。

重要性是大例外

有時候，反生產力的動作至關重要，例如刪除帳號。這類動作應該採用**主要樣式**，但安排在版面配置當中的**次要位置**。其原因在於，我們希望使用者很容易找到它，但希望他們在那樣做之前好好考慮清楚。使用**警示性**的顏色（紅、橙、黃等）突顯這個動作的重要性，也不失為一個好主意。

特殊按鈕

在某些情況下，你的網站會有一種獨特的動作，需要使用者特別注意，為此設計特殊按鈕，讓它在你的設計中脫穎而出（**打破模式**）。

Amazon 的「一鍵購買」（One-Click Purchase）按鈕、Pinterest's 的 "Pin it"（釘圖）按鈕，以及 Facebook 的「讚」（豎起大拇指）按鈕，全都擁有這種禮遇（多多少少）。

適應式與響應式設計

就 UX 而言，並不是一種畫面尺寸就能夠適用於所有裝置，所以最後你會發現自己正試圖將龐大的設計塞到各種較小的裝置。別慌，好好調適吧！

適應式設計實際上只是二、三個不同的設計

很多新手設計師對適應式設計與響應式設計的差異感到困惑不已，但實際上相當簡單。

適應式設計是幾個不同的設計；每一個設計針對一種你覺得非常重要的裝置，譬如說，假如你有網路商店，而且使用行動裝置與桌面環境的客戶都有，那麼，你可能設計較小的手機版本，以及較大的桌面版本。如果有人以手機存取，就會看到小版本的設計，如果以較大螢幕的裝置存取，就會看到大版本的設計。

就是這樣。

適應式設計耗費較少時間而且比較容易實作，因為它遠比響應式設計更靜態。許多設計師會針對行動裝置準備一個設計版本，針對桌面環境準備一個設計版本，並且稱之為「響應式」設計，但事實上，他們通常沒有設計「中間」的狀態。

響應式設計：一個設計適用於所有螢幕

響應式設計會隨著你改變視窗大小「伸縮」及「調整」，所以不管你使用的是什麼裝置或螢幕解析度，它都能夠運作得很完美。

這種神奇的響應性是如何發生的，你覺得呢？嗯，全然關乎「布局斷點」（break points）。

一種版面配置不可能無限伸縮，又維持很美觀，所以你必須決定何時顯示或隱藏某些功能，以及某個東西在碰到「布局斷點」之前要如何伸縮，才能夠充分配合目前的版面配置。接著，在裝置加載頁面或視窗改變尺寸時，網站自動調整，為每一個人提供完美的操作體驗。

實在無法在這麼短的一堂課中說清楚響應式設計的各個面向，然而，隨著你慢慢深入 UX，值得好好認識一下響應式設計。

設計或重新設計？

你遲早必須在改進既有事物或創造新事物之間作抉擇。

有時候，重新開始設計是再明顯不過的選擇，例如，公司還在使用 1998 年的網站，或者五彩繽紛的獨角獸背景動畫不再像過去那麼專業的感覺。

有時候，改進舊設計才合適，例如，設計師將品牌的色調從和諧的森林綠更新成鮮活的薄荷綠，但所有功能皆維持不變。

用膝蓋想就知道。

然而，當網站兩歲大，而且某些使用者提到你的元件 A 與元件 B 無法與競爭對手相匹敵？那麼，事情就不是那麼明顯囉！

先定義問題

如果你不曉得自己正在解決什麼問題，就不知道如何解決它，因此，先決定你到底要什麼，並且想想目前的設計還差多遠。

如果使用者常常因為忽略某個按鈕而感到困惑不已，你也許能夠透過改變該按鈕的顏色來解決這個問題；如果使用者因為你的網站結構跟川普的總統競選活動半斤八兩而感到迷惑困頓，你可能需要更大的改變，才能解決這個問題。

改變盡可能最小化

有時候，什麼事都做要比只做一件事簡單。當你瞭解問題及解決問題的可能代價時，不要一味追求最龐大、最酷炫的解決方案，而應該尋求完成這項工作的最小改變量。

例如，假設你的選單令人困惑，如果你能夠透過將選單標示得更清楚而解決這個問題，那就放手去做吧！變更文字很容易做到，也很容易測試，若還不夠，你也許可以在網站中添加一些交叉連結，讓使用者很容易就能夠找到自己想要的東西，甚至在他們瀏覽到錯誤的頁面時。沒問題。

或者，如果還不夠，你或許可以重新設計主頁面，讓它提供明顯的捷徑，指向有點難找、又很熱門的東西。

或者，如果仍然不夠，你也許可以移動／結合二、三個網頁，將它們安置於使用者預期的地方。

不過⋯

如果你的程式碼確實老舊，或者建構在低劣的內容管理系統之上，或者有其他大工程需要同時被改變，或者如果你的公司想要以不同的方式賺大錢⋯先前所描述的重新設計可能比將整個網站直接丟進 garbagio（義大利語，垃圾堆⋯可能）並且從頭開始更加困難。

重新設計丟棄所有舊包袱，但這也意味著，你必須更加小心地使用現存的資料，並且妥善管理既有的期望。如果 Facebook 明天推出完全不同的設計，大家肯定會捉狂，即使新設計更勝一籌也一樣。不管採取何種方式，請記得協助使用者學習及熟悉新設計！

有時候，最好的重新設計是較少的設計

增加功能不總是正確的選擇，你必須問自己，是否能夠透過移除某些東西而解決問題。或許，你的導覽列令人困惑不已，因為有太多選項乏人問津。或許，你提供太多內容給使用者，以致於頁面很難掃描（快速瀏覽）。或許，你提供的功能太多，造成使用者不太容易瞭解，所以沒有人能夠耐住性子，花費足夠長的時間去瞭解它！

也許，你可以讓一堆事情自動化，讓使用者的工作變簡單，即使那意味著讓你的工作變得更複雜。當論及介面時，通常，少即是多，簡約見精華。

觸控 vs. 滑鼠

任何介面的心理學可能都相同，但實際的細節或許存在著很大的差異，取決於裝置本身能夠做到什麼程度。

滑鼠有些優點，超越你的手指

游標（小箭頭）是你的手在螢幕上的延伸，讓你跟較大的螢幕互動，甚至完全不需要靠近它。

小而精確

因為游標不是實體的「東西」，它可以是我們想要的任何尺寸（理論上），在此情況下，越小越精準。事實上，游標能夠選擇單一像素，儘管單一像素的按鈕是不推薦的，但假如你想要做某種需要細微控制或者包含大量細節的事情，例如，使用 Photoshop 為小賈斯汀的內衣廣告修圖，那麼，游標會表現得比較好。

懸空停駐的能力

游標就像是 Samuel L. Jackson（山繆·傑克森）：總是在螢幕上，而且，電腦知道它位在哪裡。另外，滑鼠最大的優點就是：不需要點擊就可以引起變化，當使用者將游標定位在按鈕或選單之「上」（亦即，懸空停駐），介面可以改變顏色，或者揭露使用者原先不曉得的選項－這被稱作發掘（discovery）。

輕鬆選取項目

滑鼠可以點擊小區域，遊走於個別字母之間，或者，透過點擊及拖曳來選取特定區域，這也是另一個勝過手指頭的地方。手指頭遮蔽我們的視野，並且在我們「觸碰及拖曳」時捲動螢幕，因此，當論及編輯文字與圖像時（需要仔細選取），或者操作需要一定精度的遊戲時，滑鼠會更理想（或更快速）。

請參考米開朗基羅的畫作－創世紀。

隱藏選項／導覽列

在大多數軟體與網站上使用滑鼠右鍵（或者 Mac 上的 CMD 點擊[*]）會顯示選單或進階選項。這讓你能夠將常用捷徑設計到滑鼠指標本身，而不是將它們呈現在螢幕上，而且，螢幕上的一切皆可具有不同的右鍵選單。一些奠基於觸控的 app 具有「觸碰並按住」的類似概念，但比較緩慢，也不太明顯。

可以改變形狀

不像手指，游標可以呈現任何你想要的型式！箭頭、手指頭、小圖示、可愛的小豬等等，當游標發生變化時，它告訴使用者若是點擊會發生什麼事，例如，游標在連結的上方變成手指頭（觸摸的隱喻！）。許多軟體利用這種機制，提供豐富的視覺反饋。

你的手指有些優點超越游標

大多數人都有 10 隻手指頭，這些壞傢伙的設計係透過一種稱作演化的自然流程，而且通常很擅長設計其他工具，下面是這幾個好朋友的優點：

內建反饋

你的手指有神經，在它們接觸到某個東西時會通知大腦。當手指頭觸碰螢幕時，你不需要視覺反饋就能夠確認這件事。話雖如此，視覺反饋還是不錯的想法，但在不久的將來，裝置可能會提供你「觸覺」反饋，你可以透過手指頭感受一些訊息！

直接觸碰介面

在你想要點擊按鈕時，代替滑鼠，直接用手指觸碰它，聽起來可能沒什麼，但那意味著你的大腦少了很多工作量。

建立實體的定位與定向

介面的直接連接意味著使用者開始假想並且應用真實世界的諸多實體特性。想要讓某個東西變大？伸展它；變小？掐捏它；想要移動它？把手指放上去，並且滑動它。你可能沒有意識到，在螢幕上捲動向「下」，意味著在真實世界中將內容向「上」移，觸控裝置改變這種狀況，讓「上」表示向上，「下」表示向下。

隨時可用

在觸控螢幕上，你使用同一個東西鍵入、點擊、選取：你的手指！而且，你也知道，你的手指頭在閒閒沒事時會在什麼地方，永遠不會不見，對吧？希望如此。

---

* COMMAND＋滑鼠左鍵點擊。

手勢和多點觸控

手勢是日常對話的一部分（假設你的手部功能正常），所以當我們需要在螢幕上揮劃或捏掐時，自然沒有什麼問題。不過，有時候，我們必須教導人們要使用什麼手勢，所以，請務必小心使用瘋狂或複雜的手勢。如果你需要做的事情有點複雜，比較好的選擇可能是**多點觸控**手勢，在此情況下，你使用多根手指。

完全不需要訓練

在大約四歲前，你已經具備基礎的運動技能，證據很明顯，小孩子能夠跟某些成年人一樣地操作 iPhone。如果你看到小朋友在使用滑鼠，你會發現，感覺有點不自然，他們可能不時地留意滑鼠，企圖保持定位與定向。

10

可用性心理學

可用性究竟是什麼？

你的設計會影響使用者必須花多少心思才能夠完成工作。如果你製作一個量尺，從「完全不用想」到「想破頭」，那就是一個可用性量尺（usability scale）。

UX 中最常見的謬誤之一是：良好的使用性看起來比較賞心悅目。

某個東西不可能「看起來有用」，如果有人那樣說你的設計，聽聽就好。

當使用者被問到哪個設計「最有用」，他們的觀點通常比較偏向美觀，而不是有效性，這表示，使用者對於設計可用性的觀點是靠不住的。

可用性是由人們實際做了什麼來衡量的：

- 如果有更多人在醜陋的設計中購買東西，這個設計就是比較可用的。

- 如果人們在醜陋的設計中閱讀更多東西，這個設計就是比較可用的。

- 如果有更多人經由醜陋的設計進行註冊，這個設計就是比較可用的。

有時候，你被迫必須在美觀與可用性之間作抉擇，請選擇可用性。

可用性（Usability）= 認知負荷（Cognitive Load）

認知負荷是完成我們要使用者的大腦做任何小事所需要的總處理能力，例如：

- 保持現狀比做不同的事情更省力。

- 再一次找到某個東西比第一次發掘它來得容易。

- 閱讀簡單的單字比閱讀複雜的單字更省力。

- 同意某事比抱怨爭論來得容易。

在你的設計（及生活）中，每個細節都應該減少使用者（或你自己）與正向目標之間的認知負荷。

可用性關乎每一個細節、每一個瞬間、每一次操作。

別忽略美觀！

在 UX 中，美觀與否並不是非常重要。很容易且很快速就能夠決定你是否喜歡某個東西的外觀，這可能導致快速下載、即刻信任、更有說服力的設計，然而，美觀不能夠讓某個東西更具可用性，但可以讓使用者感覺起來更好操作，所以，這也是很重要的。

在 UX 中，你的工作是測試、量度及研究那種美觀，而不是創造它。

在接下來的幾堂課中，你將學習一些提高可用性的心理因素，但可能不會影響它在局外人眼中的感覺。

身為 UX 設計師

你的任務是充分運用心理學－並且透過測試進行確認－即使它讓某個東西稍微醜陋了點。話雖如此，不要因為它難看而做任何不必要的事情，那是非常愚蠢的。話說回來，醜陋也不保證可用性就會好。

只有你能夠防止糟糕透頂的介面。

單純、簡單、快速或最小

UX 設計師總是試著讓功能變得更好，或者對使用者更友善，但不同的情況有不同的做法，所以，讓我們比較一下可用性的四種不同思考方式。

在 UX 中，你可能會聽到一個用語：*heuristics*（**捷思評估法**），這是一種解決問題的方法與策略，假設你希望「更多人」完成包含許多步驟的流程，像是結帳、註冊或通過機場的全身掃描儀。

（亦即，你想要提高轉換率。）

下面是你能夠思考它的四種方式（heuristics），各具優缺點。

更單純：較少的步驟

身為 UX 設計師，遲早有人拿著需要被簡化的七頁註冊流程來找你。

你可以：

- 移除任何不必要的問題，例如確認電子郵件之類的事情。

- 偵測資訊，例如信用卡的類型，而不是請求使用者提供。

- 自動且適切地格式化答案，例如電話號碼，而不是分好幾段來要求它（或者，錯誤地使用它）。

簡化的缺點是，收集的資訊可能比較少，或者需要花更多時間來建立資訊。而且，如果你未確認電子郵件，使用者打錯字就有可能毀掉整個註冊流程。

更容易：比較明瞭的步驟

幾乎總是可以讓問題更簡單明瞭，只需假裝你正在為來自 Duck Dynasty 的某人做設計。

你可以：

- 讓使用者從清單中選擇自己的國家，而不是要求他們自行鍵入。

- 針對每個問題添加非常清晰的說明或指示，包括「你的名字」之類的問題。
- 將複雜的問題分解成更多步驟，讓每個步驟更容易理解。

讓事情更簡單明瞭的缺點是，它經常為使用者創造出更多個問題，或者產生更多需要閱讀的訊息，有違簡單化的目標。

更快速：較少時間即可完成 / 重複這個流程

通常，這個流程本身就是使用者已經做過很多次，或者未來會做很多次的事情。隨著時間推移，讓它更快速能夠大幅改善你的轉換率。

你可以：

- 讓他們儲存地址，並且在下一次自動完成。
- 選擇常見的預設值，讓大多數人不必做任何改變。
- 建立捷徑，像是 Amazon 為登入者準備的「一鍵購買」。

針對速度進行設計的缺點是，你讓流程比較沒彈性－改變意味著變緩慢－在你一路快速點擊的過程中，錯誤很容易被忽略。

最小：較少功能

許多設計師相信極簡主義就是單調的設計，或者將你的選項深埋在隱藏的選單中，當然，事實絕非如此。

極簡主義關乎做得較少，但效用更好，理論上，極簡主義讓設計更簡單、更方便、更迅速。例如，Outlook 是具有很多功能的電子郵件應用程式，像是聯絡簿、全功能月曆、會議提醒功能，以及各種整理及排序收件匣的機制，它不小，威力可能比較強大，但也更難學習。

另一方面，Sparrow 是比較簡單的電子郵件應用程式，允許你發送、接收、轉寄、刪除電子郵件，並且將電子郵件放置在文件夾中，非常普遍，也比較容易學習，但不像 Outlook 那麼強大。

極簡主義往往需要從頭開始重新設計，儘管它讓產品的基礎功能更理想，但對強大的使用者可能不夠。

組合策略通常最好

要選擇最適合你的 heuristics，請訪談使用者，瞭解其心理策略，詢問公司「利害關係人」有何需求，並且總是針對你的選擇進行 A/B 測試，確認它們真的比較好。

瀏覽、搜尋或發現

不同的人們因為不同的原因使用網站和 **app**，如果你針對錯誤的行為進行設計，就不會得到想要的結果。

這在現實世界中可能表示各種東西，因此，就這一堂課的目的而言，讓我們澄清一下：

瀏覽

在 Ikea 觀看樣品房間時，「你只是要吸收一些觀念與想法」，無論如何，你可能買了一堆亂七八糟的東西。

搜尋

搜尋表示你去 Ikea 尋找可勉強塞進你那間超小公寓的新沙發。

發現

在找到你要的沙發時，你也買下同一個展示間裡的聰明收納式小茶几，因為它們的設計實在聰明，而且非常方便收納。

瀏覽

你參訪線上商店，只因為他們的產品好看，或者你在追逐流行，又或者你在幻想你的生命會因為一支 2,000 美元的手錶而變得更圓滿，你正在瀏覽。

進行瀏覽的使用者會快速掃描大部分圖像，從左上方開始，一個接一個，可能跳過一些東西，但並不礙事。吸引使用者的照片自然會得到額外的關注（甚至點擊！）。

為瀏覽而設計：讓掃描更輕鬆，並且保持內容簡明且視覺化，不要把頁面弄得太擁擠，專注於創造情感吸引力的產品面向。如果是風格，就聚焦於照片；如果是動力（如船用發動機或槍枝），就以清晰的標籤提供資訊；如果是品牌名稱，就清楚地顯示標誌；如果是精緻工藝，就強調手工製作的細節等等。

搜尋

當某人試圖尋找心中想要的東西時，可能有點像瀏覽，但眼球追蹤研究發現非常不一樣的行為：它們正在追捕或獵殺。進行搜尋的使用者會忽略很多產品或圖像，版面配置的組織會幫助他們以系統化的方式檢視選項；他們不想錯過任何一個東西！ Pinterest 風格的版面配置與此相牴觸，

因為它是「交錯排列」並且是隨機的。然而，能夠「過濾」選項往往是很有用的。

針對搜尋而設計：聚焦於屬性。如果使用者想要特定價格範圍與風格的餐廳，他們會停駐在每一個看起來具有那些特質的選項。請突顯對多數使用者最可能「至關重要」的屬性，如此而已。請忽略任何可能讓畫面看起來「雜亂擁擠」的想法；如果資訊有用，就絕對不會「雜亂擁擠」。這兒可不是藝廊。

當使用者找到想要的東西時，他們會點擊，尋求更多資訊（或購買）。餐廳的菜單、照片和價格可能是主要的關注點，而座位數或副主廚的名字就不是那麼要緊。

發現

好，假設使用者並未在尋找你收藏的那些驚人古董卡祖笛（kazoo），但你認為，如果他們看到的話，應該會想要購買。那麼，你要如何建立發現？你認為人們發現新事物的方式可能與實際不符，甚至完全相反，歡迎來到古怪的 UX 世界。

你可能會犯兩個錯誤：

1. 你會把它放在主選單，或者在網站上建立「橫幅廣告」來推銷它。

2. 你會預期最忠實的使用者將率先找到它，因為他們花最多的時間使用目前的設計。

這兩點都是錯誤的。

錯誤 1：使用者只會在他們正在尋找那些東西時才會點擊選單上的項目，就是那麼簡單。幾乎沒有人經由選單「發現」，而且橫幅廣告也行不通，因為它從來沒有發揮功效過。你以前沒用過網際網路嗎？人們現在有什麼理由會突然為橫幅廣告感到興奮不已？

錯誤 2：使用者越有經驗，就越少探索新事物。在現實生活中，只有初學者會探索網站或 app，試圖釐清它能夠提供什麼功能。有經驗的使用者知道他們想要什麼以及如何得到，何必要探索？

「如果你喜歡那個，就會愛上這個⋯」

代替倚靠使用者尋找新事物，讓他們尋找已經在找尋的東西，而把新事物放在那兒（並且讓它們相關聯），這樣的話，他們就能夠「發現」它。這樣感覺上好像在隱藏它，實際上卻是盡可能讓合適的人們看到它。

像 Reddit 之類的網站，人們主要衝著經由投票選出的最熱門內容而來，而不是最新的提交，但是，如果沒有人對新提交的內容進行投票，就不會產生最熱門的內容！因此，Reddit 把一些新的提交（從你喜歡的分類）放進頂端內容，所以它們能夠被看到、能夠得到選票，並且再一次開啟生活圈（Circle of Life）。

你越瞭解使用者，就越懂得要針對什麼進行設計。認命吧，好好處理那些該死的研究！

一致與預期

一致性讓用戶學得更快，並且產生關於接下來會發生什麼事的有效預期，但一致性並非自然而然就是好設計。

一致性意味著你的設計在每個頁面上、在每個裝置上，或者對每個用戶來說看起來都一樣，而且，一般而言，這是好事。在這次登入網站或 app 時，我預期它跟上次一樣，這樣有助於我找到選單、瀏覽我喜歡的東西，並且在一開始很快跳過廣告。從品牌的角度來看，這也幫助我識別該公司、信任這些內容，並且知道自己來對地方。

模式需要一致

大腦是模式識別機器，它被設計來體驗某件事情一次，接著，同樣的事情再做一次就能夠做得更好。這就是為什麼選單在每個頁面和畫面上應該出現在相同的地方，同樣地，每個地方都應該使用相同的顏色表示警告和重要性，所以下次你就**不會**忽略父母房間門把上的襪子。

一致產生預期，當使用者希望某事以特定方式運作，而且事情如預期般進展時，那就是良好的可用性。

但…

一致是工具，而不是規則

如果有人打你的臉，下次當她舉起手時，你會往後退縮，你預期她又要打你。如果你想要使用者預期某種事情發生，就要以同樣的方式設計它，然而，你往往不想要那樣。

你的網站與 app 看起來不需要完全相同，你點擊一個，滑動另一個；差異自然顯現。例如，一個使用者不太可能同時在 Android 手機和 iPhone 上使用你的 app，因此，如果這些裝置的功能在使用上**略有**不同，無妨！畢竟，裝置本來就有**些微**不同。

登陸頁面、主頁面和結帳頁面具有不同的目標，所以，別擔心它們看起來有點不同，本應如此！

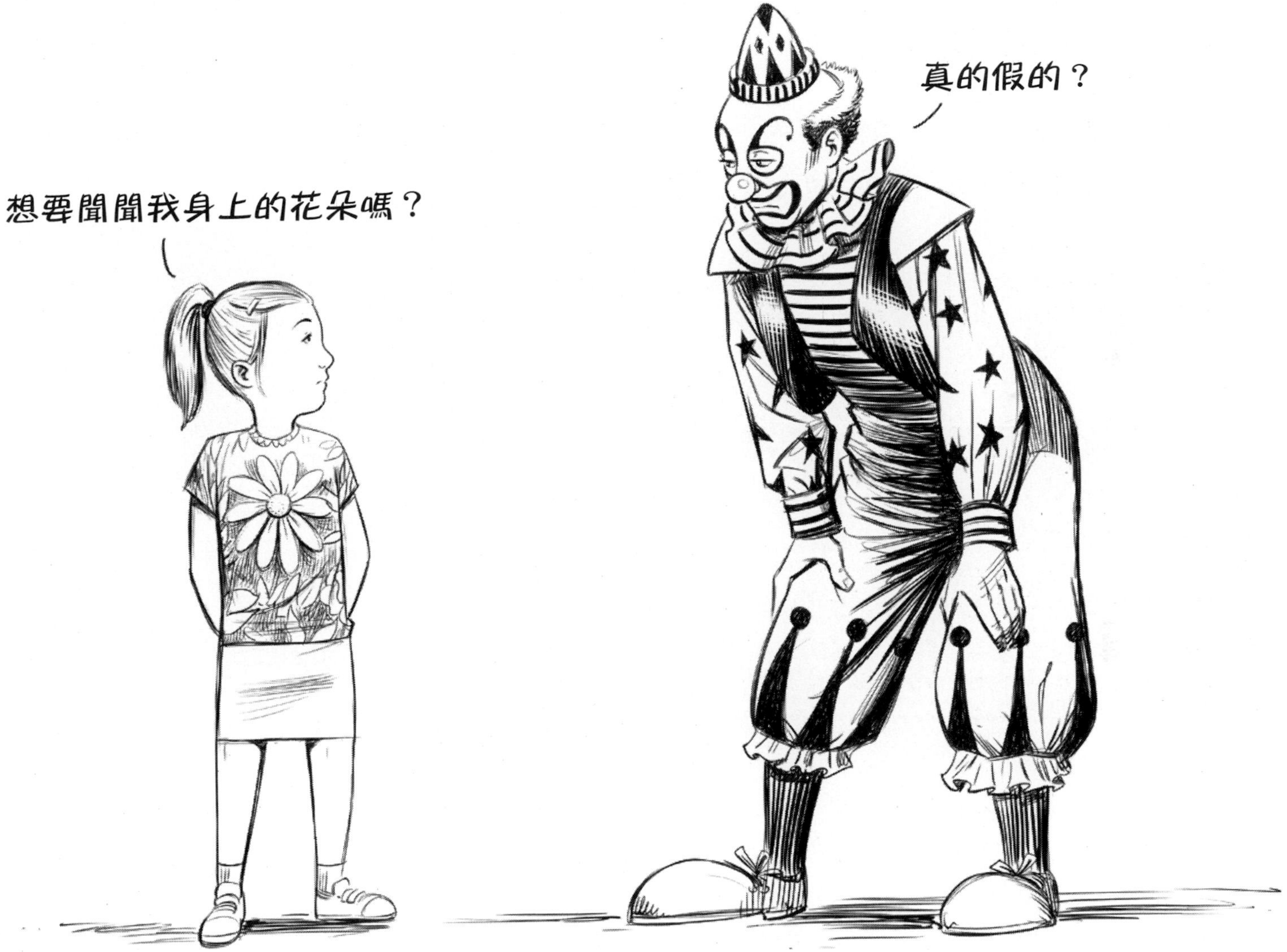
想要聞聞我身上的花朵嗎？
真的假的？

反使用者體驗

我們一直在試著幫助使用者，但那並不表示我們總是順著他們的意。若是不瞭解我們有能力運用 UX 技巧哄騙使用者，那就太天真了。

在不好的 UX 設計與對使用者不利的 UX 設計之間是有差異的，主要是心理上的。**反使用者體驗**（Anti-UX）透過一般 UX 原則防止錯誤和糟糕的決策－以相反的方向。

好的、壞的與反使用者的體驗

假設你針對小丑車（clown car）技工運作一個會員制的網站，這是一個包含許多精彩內容的迷你網站。

會員每月付費訂閱，直到取消。價格不高，但是，這個經驗讓你獲益良多！

很明顯，你不希望人們取消他們的帳號，但確實有必要允許他們那樣做，否則，他們可能會把自己的臉重繪成帶著一滴眼淚的哭喪表情。

假設我們正在設計一個帳號取消流程。

良好的 UX

表單應該簡明且清晰，「取消訂閱」的按鈕應該位在合乎邏輯的地方（就像帳號設定），你應該收到確認取消的電子郵件。一切都應該容易閱讀、貼切相關等等。

不好的 UX

如果你是缺德的設計師－我不喜歡－那麼，你可以讓表單既困難又讓人困惑。你能夠將「取消」按鈕暗藏在某個怪異的地方，或者把它弄得很小，讓人不容易看到，並且，在使用者犯下雞毛蒜皮的小錯誤時，你可以讓他們從頭來過。

問題

在現實生活中，不好的 UX 會比良好的 UX 產生較少的取消，那對公司比較好。

啊喔，操作體驗越差賺越多？那樣不好吧！

然而，有解決方案⋯

反使用者體驗

來自「良好的 UX」範例的一切如舊，清晰且容易，然而，我們也要增加一些心理學機制來修正「這個問題」。

如果你的行銷部門希望知道使用者為何取消帳號，就把它增加到表單中，一堆無聊的問題是阻礙流程（降低轉換率）的好辦法。將表單分成幾頁，讓它耗費更長的時間，包括指向可能促使使用者離開取消流程之 FAQ 頁面的連結，避免提供預設值；那會讓使用者保持最清醒、最具意識的狀態。

這些事情不難做，但會讓你理性思考，而且需要時間。

向使用者展示他們喜歡的文章，例如，"10 Ways to Stuff More Clowns into a Selfie"（讓更多小丑一起塞進自拍畫面的十種方法），或者展示他們的最佳小丑朋友的照片，或者特別允許讓他們存取 Big Red Shoes Club（你知道他們是怎麼說穿大紅鞋的人嗎？）。

（亦即，提醒使用者若是取消帳號就會**失去**什麼東西。）

沒有什麼應該是困難或欺瞞的，我們不是要阻止使用者，我們只是試圖移除情緒性的取消衝動，讓他們冷靜一下並且選擇留下。如果離開的原因確實合理，他們還是會離開，那就順其自然吧！

骯髒的 UX 技倆傷害所有人

RyanAir 是一家歐洲廉價航空，它以前的網站是我見過最具欺瞞性的網站之一。

新網站（本文寫作之後）比較好，但預設情況下，還是得購買你不需要的額外保險，要取消這個選項，你必須向下捲動，經過一序列國家名單，並且從清單中挑選 "don't insure me"（不加保），實在不合理，如果你不曉得，那花的可是你的錢。

那就是信任被損壞的方式。

「別做傻事，永遠不要。」

—R. McDonald, senior VP of clowns

可及性

當你的專案必須服務所有民眾或特定族群時（例如，高齡、聽障、視障、幼齡等等，這些人可能不瞭解你提供的語言機制），那就必須調整你的做法。

可及性（accessibility）係針對缺乏某種典型能力的人們而設計的，未必是殘障人士，任何基於某種原因讓典型設計難以使用的事情都可能落入可及性的範疇。這可能是得花一本書的篇幅才能夠解釋清楚的主題－因此，請把這一堂課當作非常一般性的概述。

對初學者來說，我覺得，重點是你知道可及性這回事，並且盡可能將它納入考量。

可及性是一般公共網站（例如，政府和大學）的主要重點，然而，對任何包含數百萬個使用者的網站來說，例如，Facebook、Tumblr、新聞網站等等，也是一樣的。

可及性是視覺化的

讓你的設計更具可及性的最簡單且最明顯的方法就是，讓它更容易檢視。這個想法實際上非常類似針對不同裝置進行設計，差別只在於我們關注的是使用者，而不是裝置。

大文字比較容易閱讀，因此，如果你的用戶年紀大一點，或者視覺有些障礙，請花點時間好好處理可讀性。色盲確實也存在，可能超過你的想像，例如取決於你的用戶群，可能高達 10% 的人無法分辨紅綠，所以這兩種顏色可能無法成為「是」與「否」選項的最佳組合。

可及性是技術

你知道視障人士使用稱作 Screen Reader（螢幕閱讀器）的軟體閱讀網際網路上的一切嗎？這類軟體通常按照代碼順序來讀取一切，所以值得好好確認所有東西確實安排妥當。Screen Reader 也可能以「Tab 順序」來讀取內容－一次次點擊 Tab 鍵來選取內容的順序－所以，如果你希望視障者能夠快速存取想要的東西，就必須審慎考慮相關的細節。

可及性是內容

使用簡單的文字、簡單的語法，好讓對你的語言不是那麼熟悉的人們，仍然能夠毫無困難地讀取你的內容。

讓改變語言變得很容易。許多網站－尤其是美國的網站－忘記全世界三分之二的人並不熟悉英語，對許多使用者來說，語言選擇器不是次要的細節；那其實是攸關成敗的功能。

讓內容簡短些，因此，不需要花很多時間就能夠弄清楚。另外，讓使用者很容易在冗長的頁面裡頭跳來跳去，並且很容易掃描。

可及性是額外的體貼

就像 UX 裡的所有東西，你應該嘗試像用戶那樣使用 app 或網際網路，我跟你保證：不需 30 秒，你就會開始討厭你自己，以及沒有考慮到這些事情的其他設計師。

然而，不要杵在那裡！確切思考你的設計，而不只是看著它。如果你已經 80 歲，不懂科技，只是想要在網路上找到某個食譜（因為你老是記不住事情），你會想要什麼？

11
內容

UX 文案 vs. 品牌文案

當論及文案時，**UX** 人員與真正的文案撰寫人關心的是不同的事情。我們聚焦在特定的寫作類型，而不是詩情畫意與流行時尚。

UX 的文案撰寫重視可用性

還記得我說過 UX 的目的在於讓使用者操作起來**有效**，而不是讓他們開心？文案撰寫可能是最純粹的例子，完美的 UX 文案一目了然，並且在達成它的目的之後被遺忘，風輕雲淡。

UX 設計師不是文案撰寫人、行銷人員、銷售人員或創意總監，所以，在撰寫文案時，我們必須聚焦於如何讓使用者瞭解並且充分參與。

我們的標題是為了號召後續行動（行動呼籲），而不是在說故事。

我們的解釋是說明性的，而不是要鼓舞人心。

我們的表單標籤是簡單明瞭的，而不是聰明精巧的。

按鈕標籤的重點在於說清楚、講明白，而不是要節省空間。

品牌經營文案撰寫應該建立關聯

還記得我們先前談到記憶嗎？人類將特定事物連結到特定情感，**品牌經營文案**的撰寫目標就是建立這些關聯（association）。

你可能希望使用者相信你的公司比競爭對手更加**人性化**、**科學化**，或者更**真實可靠**，並且讓他們認為那是以**特定語調**撰寫的。

品牌文案撰寫人可能撰寫聰明的標語或廣告詞，像 Nike 的 "Just Do It"；可能撰寫他們覺得比較好玩的標題，像 MailChimp 的搞怪文案；可能將產品或功能命名得更加「引人注目」或符合「品牌定位」，像 Apple 的 iEverything 或 McDonald 的 McEverything，或者 Ben & Jerry 的口味名稱。

整合！

這兩樣東西看似對立，可能無法協同合作，實則不然！UX 與文案撰寫具有相同的終極目標：說服使用者。

在 UX 中，我們把事情講清楚、說明白，讓更多人能夠順利完成工作。品牌文案撰寫人激勵使用者，讓每個人更積極、更想要完成某項工作，但 UX 策略能夠讓價格看起來更具吸引力。品牌文案能夠激勵使用者，提高參與度，而 UX 讓產品更實用，從而提升品牌在使用者心目中的印象。

在完美的世界裡，你想要魚與熊掌兼得。

選擇你的戰場

如果某人正在設計漂亮的廣告，以及時尚雜誌的五字標語，那可能不是在處理 UX 的問題，只要那些文字具有可讀性就可以了，除非有機會做一些眼球追蹤記錄。讓文案撰寫人做他們自己的事情吧！

（附帶說明，是的，我在 UX 書籍中使用離線範例，你該不會認為 UX 只發生在網際網路上吧？UX 如影隨形，發生在你的腦袋中，而不是在螢幕上。）

如果你正在設計對事業成敗至關重要的複雜表單，而文案撰寫人希望標籤更具詩意，那就叫他們去啃檸檬吧，大顆的喔！UX 有時必須搞得像經營黑幫那樣強勢。

良好的實用性總是有利於品牌形象，別為了風格犧牲功能性，永遠不要。

行動呼籲公式

文案的細微改變會對結果造成巨大的差異，按鈕越重要，應該考慮的細節就越多。

針對你想要人們點擊的任何東西，你可以遵循這個文字公式：

動詞 + 利益 + 緊急時間 / 地點

我個人曾經僅僅藉由更改文字就讓按鈕點擊增加 400%，聽我說：如果你希望老闆把你視為千古難尋的人才，這一堂課就是專為你準備的。

動詞

動詞是動作相關的字眼：取得、購買、觀看、嘗試、升級、下載、註冊、輸、贏等等，這應該列在最前面，因為它立即將按鈕變成命令。

利益

有時候，動詞與利益是同一個東西，例如，「升級」既是動作，也是利益。然而，在「馬上下載第二版！」之類的短語中，新版本是利益；在「今天減重 5 公斤！」的短語中，利益是減重 5 公斤。你應該明白這裡的觀念。務必確認該利益係有利於使用者，而不是有利於網站。像「成為會員」之類的短語對使用者並沒有明顯的好處，但網站的擁有者會覺得聽起來很不錯。

緊急時間或地點

像「現在」、「今天」或「在一分鐘內」的字眼提供一種迫切感，或者，讓人覺得馬上可以實現，非常容易。像「這個」或「這裡」的字眼告訴使用者，按鈕本身就是他們尋找的東西，「對這個按讚」或「從這裡開始」都是很常見的例子。

在某個上頭說「從這裡開始！」的按鈕上，你得到動作、利益及位置，根據我的經驗，當使用者的問題是「從哪裡開始」時，「從這裡開始！」按鈕的效果很好，這似乎很明顯，然而，在現實生活中規劃網站時，就不是那麼明顯了。在此案例中，「這裡」描述的是按鈕本身。

通用詞

「免費」這個用詞有時會取代迫切的時間或地方，如果該按鈕提供某種龐大的東西給使用者，像是軟體，使用者可能假設這需要付出某種代價。在此情況下，「免費」這個字有助於減輕焦慮，釋放緊張，提高點擊通過的速率。但務必小心使用，它也可能讓高級品牌感覺起來沒那麼有價值。

要避免的事項

Call-To-Action（CTA，行動呼籲）按鈕／連結－你希望使用者點擊的東西，像是購買／註冊按鈕－絕不應該從「點擊這裡以便…」開始。本身就是按鈕與連結的事實，已經告訴使用者他們必須點擊它（如果設計妥當的話），你不需要再一次叮嚀，那種文案只會減損點擊次數，因為使用者沒看見動作或者執行動作的利益，所以他們不會點擊。「點擊這裡贏大獎」不如「馬上贏大獎」。

此外，按鈕上的冗長或困難字詞也會減損點擊次數，「按這裡開始」會比「隨即正式展開」或「如果你想要進入網站，就從點擊這個按鈕開始」好多了。很蠢的例子，但務必謹記在心。

指示、標籤和按鈕

幫助使用者正確完成工作是你的職責，那通常意味著告訴他們某個東西是什麼，以及應該用它來做什麼。

如果使用者應該如何做某事並非 100% 明顯－即使明顯－你可能想要幫助他們弄清楚。

說明宜簡短、實在且直接，沒有行話與專門術語，沒有難懂的笑話、諷刺和滑稽的事情。不要太囉嗦或太委婉，大可直截了當，告訴使用者到底該做什麼，使用你知我知的簡單詞語。針對所有人撰寫，就好像他們是聰明的小孩或者不熟悉本地語言的人們，不是要弄得很蠢，只是要弄清楚。這裡有些例子：

- **不好**：「當汝準備就緒，請懸盪到這個點擊區域！」

- **也不好**：「這個區域裡的所有輸入都是必要資料，必須成功被提交，才能啟動帳號建立流程。」

- **蠢**：「哇！真會填表單，精采絕倫！一切填妥之後，請繼續往前，並且點擊下面的酷炫黃色按鈕！就樣便大功告成，冠軍！」

- **好**：「回答每個問題，完成後，點擊頁面底部的黃色**完成按鈕**」。

標籤

我們很容易忍不住把標籤弄得很聰明或很獨特，然而，務必克制這種誘惑，請使用最普遍、最簡單、以及你能夠想像的最基本標籤，如果你的標籤顯露答案的型態可能不只一種，那樣可能不夠清楚。看看這些例子：

- **壞**：「你的心在哪兒…」

- **不好**：「你住在什麼地方…」

- **較好**：「地址」

- **最好**：「連絡地址」

標籤也適用於按鈕，這是很多設計師忽略的事情。

如果你跳過標題與說明文字，還能夠明白按鈕在做什麼嗎？如果不能，就設法讓標籤變得更好。

- **壞的按鈕標籤**：「好」或「是」。
- **好的按鈕標籤**：「忽略變更」或「儲存變更」。

無論如何，在 UX 中，這是實際情況很容易落入政治性意涵的時機點之一，若有創意總監、文案撰寫人或客戶檢視你的遣詞用字，並且說：「我們得將它弄得更美妙」，你應該大方拒絕。

若有必要，請利用 A/B 測試證明它，然而，當文字既務實且描述具體功能時，就不要退縮。有時候，使用者需要的是簡單而清晰的「體驗」，而不是美妙而混亂。

登陸頁

對於使用者在到達網站時所看見的第一個頁面，你具有一項任務：
把他們留下來。

把你的網站或 App 想成機場

你從沒到過這個城市，而且來自地球彼端，帶著行李走下飛機之後，你的第一個問題通常是：

「我要往哪兒去？」

你可能想要找廁所、計程車或找點東西吃，通常都差不多，你會去找第一個看起來能夠滿足你的東西。

跟網站登陸頁面不同的地方在於，人們可以決定回到飛機上，你的任務是告訴人們該往哪裡去，不要讓他們回到飛機上。

好的登陸頁面回應 UX 的三個 *What*（什麼）：

1. 這是什麼？

2. 裡頭有什麼讓我運用？

3. 接下來該做什麼？

三個 What = 一個任務

登陸頁面應該非常聚焦，甚至不需要主選單。事實上，選單往往讓登陸頁面的效果變差，因為它讓使用者分心。

也許他們想要知道你的網站如何運作、如何註冊。也許，你的行銷活動令人好奇不已，他們想要深入瞭解。也許，你正在販售物品給其他企業，他們需要看看你的產品是否符合他們的預算和需求。也許，某個朋友大推你的產品，而他們所知有限，需要進一步的資訊！

如果你瞭解使用者的欲求，就能夠確切指明他們為什麼來對地方，以及如何得到他們想要的東西。

你的網站可以包含多個登陸頁面

其中一個可能是「主頁面」，但那並不是唯一的入口，別誤以為並且假設每個使用者都是直接從大門進來的。

為你的行銷活動、常見的 Google 搜尋，以及任何預期 / 得到的交通流量建立登陸頁面，絕對是一個好主意。這些登陸頁面的職責是引發興趣，你可以透過觀察使用者是否點擊而量度他們的興趣。

登陸頁面很重要

當新的使用者不點擊登陸頁面上的任何東西，那稱作「跳出」（bounce），直接跳出的使用者無法使用你的網站 /app/ 產品做任何其他事情，因為他們離開了。

他們無法註冊、購買、分享或貼文，你完全沒能讓他們成為真實的用戶。

因此，值得花時間來最佳化登陸頁面。有時候，連 1% 的改善都可能帶來數千或數百萬美元的銷售額增加，取決於你正在處理的商品。另一方面，如果 80% 的訪問者「登陸」或「降落」失敗，你的機場恐怕已經陷入緊急狀況。

可讀性

如果你是某種其他類型的設計師，這一堂課或許可被稱作字體排版（*Typography*）。但因為你是 UX 設計師，讓我們好好談談你應該如何處理字型，好爭取最大效益。

忘記選擇 Serif 或 Sans Serif

在 UX 中，你不在意。就技術而言，甚至 Comic Sans 字體也可以被接受，然而，如果是我，我才不會自找麻煩。

可讀性（readability）是一大塊文字的「可用性」（usability），如冗長的維基百科文章、Google 搜尋結果列表、你對迷你驢（miniature donkeys）這類事情所發表的宣言。

當其他類型的設計師在檢視字型（font）與字體排版（typography）時，他們應該在設計中選擇要呈現什麼調性與風格的字體。他們當然希望人們能夠閱讀這些文字，但那不一定是他們最關心的事情。

例如，在一瓶 Absolut 伏特加上，率性的手寫字跡有點難閱讀，但看起來確實很「率性」，那正是這個設計師想要的效果。而另一個 UX 設計師驚恐地抗拒以這種方式書寫一整段文字，但其他人就是要這麼做，因為可讀性並非他們的主要顧慮。

另一方面，如果是新聞網站，以率性的手寫字跡撰寫文章可能是自找死路，破產與死亡的威脅將如影隨形。

那是 UX 介入的地方。

可讀性是諸多事項的結合

根據你的設計，各種事項可能都有幫助，處理字體排版的人員會是很棒的資源，因為他們花了很多時間處理相關的文字樣貌。

這裡有一些事情要嘗試：

文字夠大嗎？

小文字看起來比較好，但不容易閱讀，尤其在行動裝置上，試著增加所有文字的尺寸，也是讓它感覺起來比較簡單的好辦法。

增加字母之間的空白

這就是所謂的 *kerning*（字距）或 *tracking*（平均字元間距），當字母有點太靠近時，會變得很難閱讀，讓人端不過氣，尤其是在段落中，增加一些「空氣」到裡頭，使它更容易閱讀。

添加行與行之間的空間

這就是所謂的 *leading*（行距），基本上，行與行之間的空白大約一行文字高度的 1.5 倍，多一點無妨，但也別太過分，否則，從一行換到另一行時可能太容易讓人分心。

增加文字周圍的空間

設計當中的所有廢話都可能讓人分心，導致用戶無法專心閱讀，因此，某些瀏覽器與 App 的「閱讀模式」會移除一切，只留下文字。聚焦。

調整欄寬

據說，最佳欄寬大約介於 45 到 75 個字元之間，較少字元這一端（50 個）感覺比較好，較多字元那一端（70 個）讀起來比較快。你可以根據裝置與內容型態來調整你的設計。

使用真實內容，並且實際閱讀

如果你正試著使用 *lorem ipsum* 假文做這些事，那麼，你不是真的在處理 UX，事實上，你只能透過實際可讀的文字測試可讀性，甚至，盡量複製及貼上你實際想要閱讀的文章，那樣更好！

說服力公式

強迫使用者做事情通常是爛主意，人們不喜歡被強迫，相反地，我們必須說服他們採取行動，而「說服」的過程通常遵循簡單的八個步驟。

> **注 意**
>
> 說服是複雜的，拙著《*The Composite Persuasion*》（複合說服）總共 270 頁，專書說明如何讓事情更具說服力，這裡只是一堂「速成課」！

說服力公式

在比較 40 種不同類型的說服者之後，我發現，他們的做法具有 8 種共同的屬性，如下所示。

在互動之前

信譽

缺乏信任，一切都是空談，在理想情況下，你應該實際建立信譽；然而，重點在於向他人傳達你的高價值與可信度。在 UX 中，這個道理適用於一切，從經營值得信賴的品牌、提高價格的透明度，一直到客戶的使用見證等等。不要只是「說」你有價值；請實際向使用者表達你的價值所在。

瞭解你的受眾

在 UX 中，這表示，進行使用者研究，以便知道你在說服哪些人，以及他們關心的是什麼。

互動期間

開始並且解除心防

你必須立刻吸引使用者的興趣，接著設法解除任何明顯的抗拒。在 UX 中，這可能是巨大的標題，或者使用者未經捲動即可看到的圖像。例如，如果價格是問題，那麼，它就應該是使用者能夠看到的第一項資訊。不要假設他們稍後還會繼續努力設法瞭解它。

建立密切關係

密切關係（*rapport*）是與人和諧共處的感覺，由人與人之間的相似性所產生。在 UX 中，這可以透過熟悉的語言，或顯示使用者與你的客戶之間的共通點來獲得，或者，在你的說明中描述主要的角色，並且讓使用者與之相關聯。

隔離

當使用者已經走得夠遠,清楚地顯露他們的興趣,你會想要刪除任何相互競逐的資訊。在 UX 中,這可能表示,在結帳期間,移除選單或橫幅廣告,不讓使用者分心,促使他們專心採購。

使信服

針對更複雜的說服,你可能必須提供「一波接一波」的資訊,將客戶從基礎引導到細節,一步步地讓他們瞭解狀況。有各種方法可以做到這件事,認知偏差往往有助於利用更容易接受且更容易吸收的方式組織資訊。

完成交易

重點是提交成功或交易成立,別過度複雜化。在 UX 中,這是「發佈」按鈕、「確認購買」按鈕或「分享」按鈕。

互動之後

偏頗地總結

別讓說服隨著交易成立驟然結束!這會讓人們覺得你只是為了得到自己想要的東西才重視他們。在 UX 中,這可能是後續追蹤的電子郵件,提醒他們可以利用這台新的 Macbook 做很多事情,或者推薦更多文章,或者提供反饋資訊,指明有多少人喜歡 / 同意他們的貼文。

如何激勵人們分享？

有可能因為呈現方式不同，而讓完全相同的想法深具吸引力或者毫無趣味，更重要的是，你可以透過讓人們的貢獻變成驕傲的源由，而激勵他們發佈、留言及分享。

想像一下，某論壇上有人發文詢問，「如何與人發生一夜情？」。直覺地，你不會特別有興趣插手，除非你自栩為這方面的專家。這是許多企業處理其社群媒體活動的方式；直接的問題、直白的貼文、以自我為中心的內容，然而，那樣是不會產生什麼參與度的。

現在，想像一下，如果改變措辭：「你與約會對象最快發生親密關係的經驗為何？是怎麼發生的？」突然間，讀者面臨一種挑戰，他必須說故事，讓自己感覺起來很不錯，或至少很有趣，這對問問題的人沒有明顯的好處，但並不表示對他沒有利益。

蹩腳或有趣的答案皆勝過沒有答案，那是這裡的整體目標：建立參與度！

這個問題的真實版本出現在 Reddit 的主頁面，共有 700 多則留言（某人回答「17 年」，顯然是這方面的藝術家。）

這個想法的另一個常見範例就是，當某人因為做了一些糗事而遭受嘲笑，他們會反常地、一次又一次地那樣做，因而得到更多笑聲及關注。（一種制約！）假如你問人們「你遭受過最嚴峻的拒絕經驗為何？」在 Reddit 上，針對這種問題，發問者（丟出問題的那個人）通常會先提供自己的例子，把討論議題炒熱。

現在，獎品備妥，最慘烈的故事勝出，所以越尷尬越有利，地位越穩固，每個人都希望自己是最差勁的！這樣問遠比「像那樣被打槍是正常的嗎？」要來得有效。

代替直接尋求幫助或範例，最好請求絕妙的實例，或者創造環境，讓可怕的失敗變成是大家都想要的。

代替直接告訴人們繼續、分享或點擊，利用預告標題、驚險短片，或者承諾獎勵或機會，而達到激勵他們的效果。

如果你是社群媒體業者，你將創造理由，讓許多人花費大量時間使用你的產品，並且隨時隨地為你的品牌營造良好的感覺。只是不要落入點擊誘餌（click bait）的陷阱，如果你的內容低劣，每個人在看到它時都會很失望，於是，你的網站或公司就會跟令人失望畫上等號。這樣不好。

12

關鍵時刻

發佈是一種實驗

UX 設計和其他設計之間的主要區別在於：我們可以量測我們的設計，看看它們是否確實可行，而且能夠利用科學方法做到這件事。

把發佈想成是創作流程的結束是很正常的，不過，千萬別那樣想。

創作流程並不確定：策略性決策只是訓練有素的預測，設計則是品味的問題；人們總是做出不理性的決策。要知道這項事實的唯一辦法就是進行一些科學研究，良好的科學研究總是需要問題、假設、實驗、結果和解釋。

或者，在這個產業中，我們喜歡稱之為…

科學方法

問題／困難

首先而且總是，你必須從問題開始，在此情況下，它可能是使用者的問題。你的任務是充分瞭解問題，具體描述它，然後設計出解決辦法。

很多人認為你應該先構思一些問題，然後使用 UX 研究來回答那些問題，但那是錯的，那叫作猜測。UX 研究應該找出問題和困難，透過研究使用者與資料，你會發現使用者的行為需要被修正，或者根本不合理。使用者為什麼做這種怪異的事情？使用者的主要問題是什麼？使用者覺得這個功能如何？人們為何在結帳流程的第二個步驟離開？為什麼很多人「跳出」（bounce）我們的登陸頁面？

現在，問題一籮筐。

假設

你的設計是你的假設：解決問題或回答問題的策略。奠基於你的研究與資料，你會從中發掘出一些問題與困難，你的設計就是你的解決方案，因為證據顯示，它可以行得通。

數位專案通常有個問題，你會忙著慶祝產品發佈，以致於忘記觀察它們是否真的能夠運作。UX 不是品味的問題，而是一翻兩瞪眼的事實與結果，只因為你喜歡，並不表示它是良好的使用者體驗。

預測

在設計實驗之前，應該預測一下，如果假設正確，什麼事情會改變，這表示，你必須決定你將如何量測那個變化。

如果你認為人們因為顏色不對而未注意到某個按鈕，當你修正這個問題時，會有什麼改變？你會怎樣量測它是否有效運作？

如果你認為人們參與度不夠，因為你需要更多絕妙的功能，當你修正這個問題時，究竟會有什麼改變？你要怎麼量測它是否有效運作？

實驗

改變你的態度：產品發佈只是實驗，而非結果，直到你透過真實的使用者證明這一點，才算真正掌握狀況。如果你已經做好研究，並且讓你的設計奠基於該研究，那就不是在猜測，而是在做實驗，這是很大的差別。

結果

在推出網站之後，你可以獲得一些結果，例如，人們在網站上停留多久、多少人註冊或購買，這些都不是猜測，而是事實。在小型網站上，你可能得等一、二個月，才能夠收集到有效的資料，但資料終究會進來。

這些事實可能與你的既定策略不一致，它們可能指出你的設計令人困惑（雖然美觀），並且證明那個令人討厭的大標誌真的很容易讓人分心。

這不是失敗或弱點，而是專業網站發佈過程的一部分。有些事情是發佈之前無法知道的。這個網站或許是人類文明的偉大創作，但沒人曉得，直到我們在現實世界中真正試煉它。

13

給設計師的資料

靈魂可以量測嗎？

在 UX 中，有一個常見的觀點：你不能夠量測情感，然而，事實並非如此，尤其是在衡量一組人的情感時。

靈魂？

好啦，好啦…聽起來有點宗教意味，但我指的是人類體驗的情感與主觀部分。

情緒沸騰的高潮，令人心碎的低潮。

你想要怎麼稱呼它都可以，它是我們的本質。

重點是：我們能夠量測它嗎？是的，我們可以！

情感產生行動與決策，而這些都很容易量測。

神經行銷學

在 UX 中，我們的辦公室通常沒有功能性磁振造影（fMRI），然而，僅僅作為範例：有個新興行業專門在量測大腦，探索哪個版本的廣告或電影產生最強烈的情感。

它在本質上是 *A/B* 測試（你會在第 95 課學到更多 A/B 測試的知識），包含遠比一般情況更酷炫的資料。進行 A/B 測試時，你做的也是相同的事情，但透過觀察動作，而不是掃描大腦，來收集你需要的證據。

群組是可靠的；個人就不是那麼值得相信

如第 16 到 21 課所述，動機（情感）促使人們有所作為。也就是行動。

你可能對照片「按讚」轉推貼文，或者因為有 50 個人表示你應該試著吞下一勺肉桂粉，而讓你在數百萬人面前尷尬不已。

在 UX 中，我們的目標是產生行動，而不只是觸發情感。我們激勵人們，好讓他們採取特定行動，這對大家都有幫助（包括我們）。

在量測個人狀況時，我們必須當面詢問他們；否則，細節會受到太多影響而變得不可靠，使用者可能因為晨間的新聞、個人的利益，或者因為上班時間到廁所摸魚，而採取不同的行動。

然而，當你把數千或數百萬人放在一個群組時，個別的差異就變得不是那麼重要，群組的靈魂被充分顯露在資料中。

在談論「一般人」時，我們不針對特定人，我們談的是數字，那些數字量度的是你的設計所產生的影響。

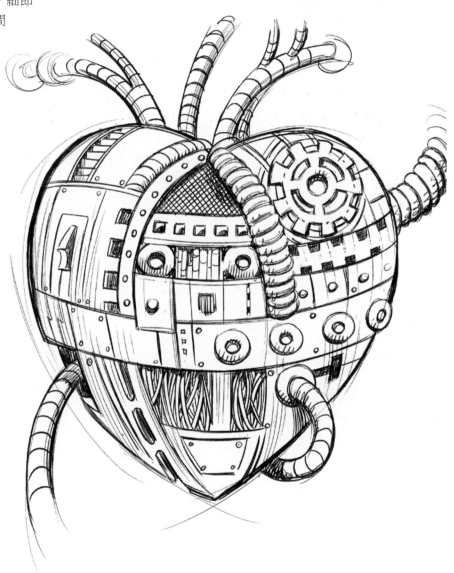

什麼是分析？

既然已經學會研究使用者、設定目標、規劃資訊架構（IA）、引導使用者的注意力、製作良好的線框圖，並且創建可用的功能，現在，就讓我們發佈產品吧！而且，發佈也意味著需要衡量某種東西。

資料是客觀的

在先前某堂課中，我們學到使用者研究。

資料是不同的。

資料量測使用者行為，他們做什麼、做多少次、花多長時間等等。

資料由電腦收集，因此，不會影響使用者，而且具有定義明確的量測機制，所以誤差率很低，不費吹灰之力就可以針對數百萬人進行量測，並且它可以告訴你有關使用者的一些事情，例如使用什麼瀏覽器，或者位於哪個國家。

而且資料從不說謊，這就是科學！

然而，這並未告訴你任何有關上下文（context）的事情，所以，請務必小心。不幸地，設計師必須解譯這些資料，而那正是錯誤可能發生的地方。

資料由人組成

你會忍不住把資料視為「純粹數字」，其實，它們可能蘊涵任何意義。切記，那些數字代表著具有複雜生活之真實人類的行動。

不要將數百萬人簡化成單一數字，並且冀望它在任何情況下皆可靠。

你可能也會忍不住尋找「證明」自己正確的數字，請不要那麼做，並且嚴正拒絕任何要求你這麼做的人。

資料越多越好

如果你量測五個人的點擊，或許，他們都喝醉了，你無法知曉，如果你量測五萬個人的點擊，不太可能全部喝醉，除非你只在春吶期間對沙灘音樂會上的人們進行測試。

你試圖進行的決策越大，需要的資料就越多，然而，資料一旦說話，它的意思就再清楚不過了！

幾個收集使用者資料的方法

獲得客觀資料的方法跟進行主觀使用者研究的方法一樣多：

分析

Google 和許多公司提供便宜或免費的方法，讓你以匿名的方式追蹤使用者在做什麼，基本上，每次使用者加載頁面或點擊某個東西，你都會知道。另外，你可以設計客製化的量測，海闊天空，沒有極限！

A/B 測試

設計並且發佈相同東西的兩個版本！你會知道哪個比較好，因為你將即時針對真實的人們進行測試。這類軟體也會讓你知道何時可以停止，因為在特定時點之後，追蹤更多人並不會有什麼大變化。

眼球追蹤

特殊的軟體與設備被用來量測用戶在使用你的設計時眼睛看哪裡，因此，你可以知道你的引導工作做得好不好。眼球運動是無意識的，所以我認為眼球追蹤是客觀的。

螢幕擷圖與熱區圖

HotJar、ClickTale 與 Lookback 之類的軟體，讓你在使用者操作你的產品時記錄實際的畫面，他們的輸入資訊被隱藏－一切都是匿名的－但你會看到他們的點擊、游標的移動、捲動的情形，以及在使用你的設計時瀏覽了哪些頁面。有些工具還可以建立「熱區圖」，運用色彩明確顯示使用者整體的點擊情況。超級有用。

搜尋紀錄

許多人不瞭解網站上的搜尋欄位能夠儲存每個被輸入的單字，如果人們在搜尋它，那就表示他們找不到它，所以這些日誌或紀錄對資訊架構與版面配置的改善非常有價值！

圖表的形狀

你不需要高深的統計學知識就能夠看到圖形蘊涵的有趣事實，人類的行為在圖形中顯現出某些基本形狀，而且全都具有特定的意義。

有兩種圖形是人類行為經常產生的：**交通流量**（*Traffic*）與**結構化行為**（*Structured Behavior*）。

注　意

我曾經在這些例子中使用長條圖（bar graph），因為長條圖比較容易理解。你的分析可以利用點、線或任何其他元素，別緊張，基本上都是在做相同的事情，所以我們學習的是形狀的判斷，而不是圖表的類型。

流量圖

這種圖表顯示一段時間以來做某事的人數，例如，每天參訪人數，你可以稱之為「流量」。

流量總是稍微上下波動，因為這個世界每天都會隨機發生一些事情，甚至在你的網站完全沒有任何改變時。

因此，你無法假設微小的流量變化係由新功能或設計變更引起的。

現在，繼續探索形狀！

整體趨勢

如果有緩慢、一致的改變，你會看到它隨著時間推移持續下去。

如果你的圖形態勢明朗，顯現出一致的「起」或「落」，那麼，這個趨勢很可能持續下去，除非你改變它。

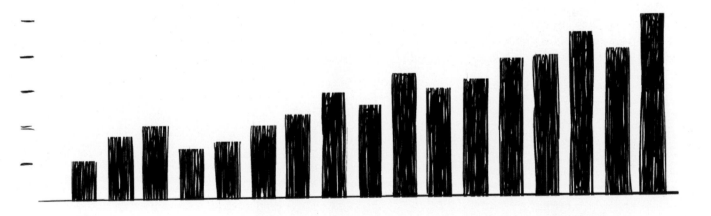

整體趨勢

如果有緩慢、一致的改變，你會看到它隨著時間推移持續下去。

隨機 / 意外 / 一次性事件

人們不會突然無端改變行為。

你執行週末行銷活動？或者，某個技術性事項在你的網頁上造成問題？或者，也許你的新創公司剛剛上市？當你的圖形出現驟增或突降時，請設法找出究竟是什麼原因造成的，因為－很容易就會相信你的產品突然爆紅是「自然而然」的事情－驟增總是有理由；有時好，有時壞。

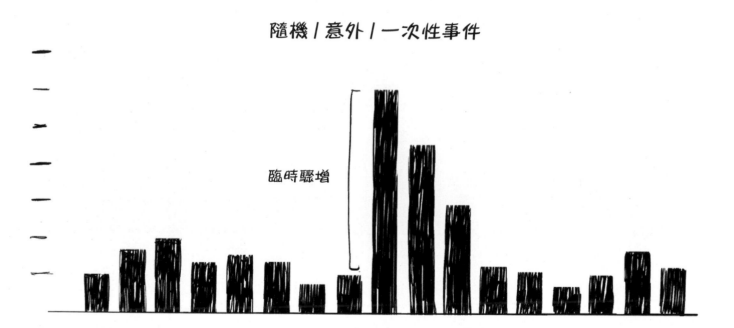

隨機 / 意外 / 一次性事件

臨時驟增

人們不會突然無端改變行為。

可預見的流量

成熟的網站（或無聊的網站）開始具有清晰的參訪模式。

看到一遍遍重複出現的模式，像波浪般？

很受「辦公室人員」歡迎的網站在週間往往會有較大的流量，但如果你的使用者都是小孩，週末可能就是你忙碌的日子。這些現象很常見，也很正常。

但是…

如果是健康的模式，通常也會附帶著緩慢增長的趨勢。如果你看到超級可預測的模式，而且你的數字正慢慢下降中，那麼，你的使用者可能厭倦透頂，熱情正在流失，快來點改變吧！

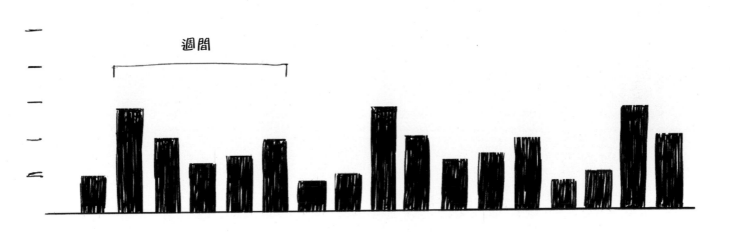

可預見的流量

週間

成熟的網站（或無聊的網站）開始具有清晰的參訪模式。

結構化行為圖形

另一大類圖形顯示人們在做什麼，日期或時間不是那麼要緊，透過 IA，你對這種行為產生很大的影響。

指數／長尾趨勢

這顯示對某種行為或決定的強烈偏頗。

這種圖形顯示看似下滑的形狀，比較多人點擊第一個東西，勝過第二個東西，而且遠多過第三個東西。每當有視覺上的「順序」或自然的序列存在－例如，使用者從左讀到右的選單－就會出現這種圖形。

指數／長尾趨勢

這顯示對某種行為或決定的強烈偏頗。

「上層頁面」（top pages）的清單看起來通常會這樣，因為沒穿過第一頁就無法到達第二頁；每次訪問時間（Time-per-Visit）或每次訪問瀏覽頁數（Pages-per-Visit，參閱第90課）看起來通常也是這樣，因為在網站上花費超過10秒是非常困難的。

夾雜著意外順序的指數趨勢

當使用者忽略你提供給他們的結構，看起來就會像這樣。

這一個比較有趣，如果你的資料看起來好像頗為完整，但少數幾個部分的順序好像有誤，那表示，使用者認知的優先順序跟你想的不一樣。有時候，在點擊第一個東西之前，他們會先點擊第二個東西，這些瘋狂的混蛋！

試著根據那些資料改變你的設計/IA，而不要試圖改變使用者；他們討厭你那樣做。

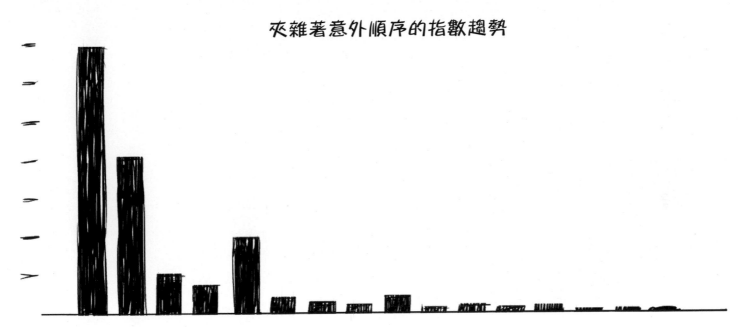

夾雜著意外順序的指數趨勢

當使用者忽略你提供給他們的結構，看起來就會像這樣。

包含超級使用者的指數趨勢

這顯示一小群重度使用者。

這個圖形看起來非常類似前面的「下滑形狀」，但是它具有凸點，有人覺得看起來像懷孕，蠻白痴的。當你擁有一小群死忠用戶，或者很活躍，或者在網站上停留很長的時間，大概就會是這個樣子。他們做的事情遠超過一般使用者，所以會造成突起。

找出激勵他們的因素，充分加以利用！

包含超級使用者的指數趨勢

高度參與

這顯示一小群重度使用者。

具有轉換問題的指數趨勢

兩個長條之間的巨大落差通常表示使用者面臨某種障礙。

你希望你的「下滑」看起來既溫柔且流暢，如果有任何不正常的落差或粗糙點，那就是有問題。如果你的網站主頁讓人困惑不已，可能就會得到這樣的圖形，因為很少人會到第二頁。如果你的問題不明顯，A/B 測試是找出問題的有效方式。

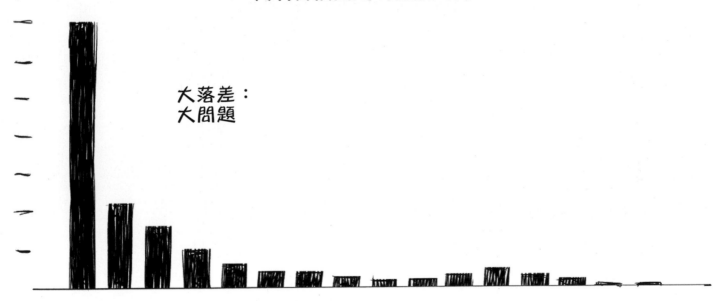

具有轉換問題的指數趨勢

大落差：
大問題

兩個長條之間的巨大落差通常表示使用者面臨某種障礙。

統計數據─期程 vs. 使用者

使用者可能參訪多次，在訪客（個別的使用者）與他們的參訪（期程）之間的差異充分顯示「與忠誠度及參與度相關的資訊」。

假設我參訪你的網站，我花費幾分鐘的時間待在那裡，逛得很開心，雙方皆大歡喜，我們彼此擊掌（虛擬），稍後，我便離開。

接著，第二天再次訪問，第三天，我又來了。

我已經到過那兒三次－三個期程－但我只是一個人，一個帥哥，無論多帥，就只有一個人。

如果我是你的唯一參訪者（蠻慘的），你會在你的 Google Analytics 中，看到「三個期程」和「一個使用者」，或者在其他分析產品中，也許是「三個參訪者」與「一個獨特的參訪者」。

他們的意思不是我比其他參訪者更獨特，然而，我會把它當作一種恭維。獨特的參訪者是單一的使用者，一個人，他可以多次參訪網站。

一切都是相對的

盡量不要對實際的數字感到興奮或沮喪，你可能會說，「三個期程算好嗎？」，然而，那是錯誤的看法。

對你來說，三千個期程可能前所未有，但對某些網站來說，三百萬個期程還是令人沮喪，一切都是相對的。

相反地，問你自己：三個期程比上個月好嗎？需要多少個使用者才能達到那麼多個期程？比上個月好嗎？那是這類產品該有的狀況嗎？

這些數字湊在一起意義更大。

你應該花時間檢視，並且思考期程與使用者的關係，這些數字會稍稍顯露使用者的忠誠度，以及將新訪客變成舊訪客的轉換情形。

分析不是成績單，而是故事，你只需要知道如何理解及善用它們。

使用者實際上是裝置。
等等，什麼？!

據我所知，分析無法知道你的手機和筆電都是由人控制的，我親暱地稱之為「你」。

所以，如果我使用筆電訪問你的網站 3 次，接著，使用手機再訪問 2 次，你會在 Google Analytics 上看到「5 個期程」和「2 個使用者」，即使這兩個使用者都是由同一個人控制的，我親暱地稱之為「我」。

這是沒有辦法的；知道即可。缺點是：你永遠無法知道到底有多少人來到你的網站。優點是：你能夠設法稍微深入瞭解使用者多常回來，透過不同的裝置。

統計數據—新訪客 vs. 舊訪客

你會有許多新訪客，其中某些還會回來。透過將他們分成多個小群組，就可以開始瞭解網站的健康情況，以及是什麼原因讓人們再回來。

網站「健康」是一般化的比喻，我在跟客戶與老闆們開會時大量使用這個用語。基本上，它是統計資料的組合，表明事情在整體上是否變得「更好」或「更壞」。

舊訪客和新訪客分別描繪不同的故事重點，就像量測網站的脈搏。

新訪客

當使用者第一次來到你的網站時，他們什麼都不知道。使用者可能來自廣告或部落格上的連結，或者，透過搜尋相關（或不相關）的東西，偶然之下找到你的。

無論經由何種途徑，他們是新訪客。

舊訪客

如果新訪客第二次回來（或第三次，或第一百次），他們是「回頭客」（回訪者）。這很重要，因為他們現在知道你的網站是怎麼回事，希望他們確實還認得它。

注意

使用者仍然可能來自廣告，或者部落格上的連結，或者因為搜尋某個東西所以再次找到你。不過，他們也有可能是刻意回來的。

這些數字湊在一起意義更大。

就像這些分析當中的大部分，真正的資訊來自兩個數字的比較。這一次，我們想要知道每一個的百分比，因為如果你把新用戶與舊用戶加總起來，就會得到所有的用戶，數學好好玩！

記住

假如百分比下降，並不表示數量有減少，而只是說，那個數字代表整塊餅的某個部分，它可能因為其他數字增長而下降！或者，也許兩個皆增長，但其中一個增長比較多！

盡量平衡成長與忠誠度。

在網站成長的早期階段，事實上，新使用者越多越好，那表示，很多人發現你，或許，包含 10 到 20% 的回訪者，但這只是粗略的原則。

隨著時間推移（數月或數年），你的目標是讓這些數字以其他的方式產生一些轉變，不會減損「期程與使用者」。

非常成熟的網站大部分是回訪者，新訪客大概佔 20 到 30%。

如果回訪者很少，那是有問題的，因為沒有人回來再度參訪。

如果新訪客很少，那是有問題的，因為沒有人尋找你或找到你。

統計數據─網頁點閱數

你的網站/app 必須有效率？或者，必須有吸引力？網頁點閱數
（pageviews）能夠述說不同的故事。

「網頁點閱數」差不多就是字面上的意思：使用者觀看你的網站（或 app）上的特定頁面。

網頁點閱數是一種被動的量測，因為除了觀看頁面之外，使用者什麼都不必做。

他們可能點擊或輕敲某個東西，到達那個頁面，並且觀看它。但分析機制會計算網頁點閱數，即便使用者在頁面「加載」時出門去，在森林裡迷路，遇見並且愛上一隻熊，從此在森林裡過著幸福快樂的日子，因而從未真正看到那個頁面。

「觀看」（view）可能不是理想的描述，請把它想成頁面「加載」。

網頁點閱數高可能好或壞，或兩者兼有。

如果你是 Google，那麼，網頁點閱數高並不好，因為 Google 希望你盡快找到正確的搜尋結果，沒有人願意一頁又一頁地流連在搜尋結果頁面中。

因此，就 Google 搜尋而言，網頁點閱數越少越好。

另一方面，Facebook 可能巴不得把畫面跟你的眼球繫結在一起，好讓你永遠不會停止觀看頁面，對他們來說，網頁點閱數越多越好。

如果你的網站透過在每個頁面上展示橫幅廣告來賺錢，那麼，網頁點閱數多多益善，因為那樣你賺得更多。

然而，這也產生迫使用戶瀏覽不必要之頁面的理由（見過 1 個包含 10 張圖片的照片庫被分成 10 個獨立的頁面嗎？），相當糟糕的操作體驗。

當做某事具有商業理由，而不做某事具有 UX 理由時，就必須非常小心，可以的話，請徹底修正那個問題。

如果不能夠修正的話，切記：越是讓使用者必須為你的內容耗費功夫，他們看到的內容就會越少。

如果你的 UX 只是顯示更多廣告，你會把這個世界搞得更糟糕，而不是更美好。

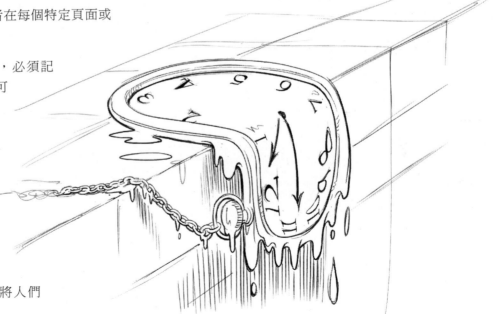

統計數據－時間

時間和網頁點閱數有一些相似之處，但不同於網頁點閱數，時間統計數據能夠告訴你，使用者最熱衷或最混淆的地方在哪裡。

每次訪問時間（*Time per Visit*，或每次期程時間（time per session））是使用者每次花在你的 app 或網站上的平均時間。

每頁時間（Time per Page）指出使用者在每個特定頁面或畫面上平均花多久時間。

當你採用來自多個使用者的平均值時，必須記住，人們在網站或網頁上花費的時間可能具有很大的差異。透過平均，你可以瞭解網站的整體運作狀況，並且比較不同的頁面。

例如，如果你的網站具有平均三秒的每次訪問時間，那表示，使用者不是很快就可以找到需要的東西，就是沒有人停留足夠長的時間，以致於什麼事情都沒辦法做。

如果你是 Google，你可能會試著盡快將人們尋找的東西提供給他們。

如果你是 Wikipedia，每次訪問只花三秒肯定不好，因為沒有人能夠在三秒內讀完文章。

如果比較兩個頁面，一個平均每頁時間為 45 秒，另一個為 3 分鐘，那麼，這兩個頁面的執行方式相當不一樣。

不要假設什麼樣的時間是好的

當使用者感到困惑時，也會在頁面上花費更長的時間，因為他們試圖把它弄明白。

更多時間可能表示更多參與，也可能表示你的選單令人困惑，或者註冊表單太難填寫。

將時間與其他統計數據做比較，可以瞭解更多

多少時間與多少頁面能夠告訴你許多關於使用者行為的資訊，沒有什麼組合一定是「好」或「不好」－取決於你的設計應該做什麼。

如果你的網站包含大量文字，就像 *New York Times*，那麼，你可能希望人們在較少的頁面上花費更多的時間－人們在閱讀！在很短時間內通過大量頁面，很可能意味著他們正在快速瀏覽、搜索，或者迷路了。

如果你的網站都是圖像，就像 Pinterest，那麼，你可能希望大量頁面都具有較短的每頁時間，因為圖像很快且很容易觀看或消化－使用者就是在瀏覽！然而，你仍然希望擁有較長的每次訪問時間－使用者在探索你的網站！

如果你是 Google，你可能希望每次訪問時間、每頁時間，以及網頁點閱數都非常低，因為那表示人們很快就找到良好的搜尋結果。

如果你是 Facebook，你希望每次訪問時間（參與度）與網頁點閱數（廣告）都非常高，然而，每頁時間就不是那麼要緊了。

統計數據－跳出率和退出率

知道使用者未繼續待在你的網站，以及哪個部分的設計促使人們離開，是非常有價值的。

跳出率（*bounce rate*）是到達你的網站，但不進去的使用者百分比，他們「反彈」或「跳出」，而非實際使用它。

沒點擊。沒事。Nada[*]。

低跳出率（10 到 30%）是好的，因為「跳出」不是什麼好現象。高跳出率（70 到 99%）是壞的。介於中間的一切還蠻正常的，不好、不壞，沒什麼意思。

你的跳出率**永遠不會**為零，總是**有人**跳出，如果它是百分之零（或甚至低於百分之五），務必要求開發人員檢查一下程式碼是否有什麼技術性的錯誤，或者你量測跳出率的方式可能有問題。

你的目標是盡可能讓跳出率變低。

高跳出率最常見的原因就是，你的設計不值得信任、標題不良或出人意表、令人困惑的 IA，以及使用者不知該點擊哪裡。

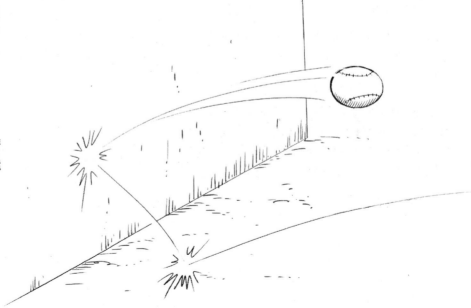

---

[*] 在古印度教中，Nada 代表天地萬物原始聲音的本源。

退出率

每個使用者最後都會離開你的網站，那就是所謂的**退出**（*exit*）。

頁面的退出率告訴你有多少百分比的訪客在瀏覽該網頁後會離開這個網站。

如果你只有 3 個頁面，那麼，平均來說，33% 的使用者會從某個頁面退出；如果你有 10 個頁面，平均而言，10% 的使用者會從某個頁面退出網站。

越多使用者到達某個網頁，退出率可能就越高。

找出退出率特別突兀的網頁，如果遠比其他網頁高或低，務必深入檢視，它可能是一個死胡同，或是一張很難填寫的表單，或者，甚至可能是一件好事！

有一次，我使用獨一無二的旅遊套件（packages）重新設計某個旅遊網站，那個套件是你在其他地方無法找到的瘋狂玩意兒，一個套件的退出率遠比其他套件來得低，即使頁面的設計相同。當我更仔細檢視時，我瞭解到，其內容以不同的樣式撰寫；更顯精彩！透過改變其他套件的樣式，相互匹配，我們讓使用者多停留三分鐘，而且每次還多瀏覽兩個頁面呢！

互動的機率

不確定性是你的 UX 生活的一部分，它並不是非黑即白的事情，你不是在試著讓某個東西運作，而是在試著讓它運作得更好。

在量測使用者行為時，這有助於理解群組的模樣－在統計上。數字可以揭露很多關於你的設計的資訊，但是你需要正確的觀點，UX 關乎增加讓用戶做某事的機會、可能性與或然率。

把 UX 看作在使用者的精神輪盤中減少選項數量的過程。每個使用者未必每次都能贏，但整體而言，會有更多的使用者獲勝。

1% 的人會做任何事

許多年前，使用者生成的內容大量被討論，我的同事以我的名字命名了一個規則：

Marsh 法則：「每個功能最後都會盡可能地被濫用」。

或者，你可以這樣思考：如果某個東西能夠被使用，它終究會被某人使用。

這樣不好。

在某個包含 25 個橫幅廣告的頁面上，即使無人關心那些廣告，終究還是會有少數人點擊它們。

在某個包含 8 層導覽的網站上，最深的頁面偶爾還是會被存取。

我還是對 Facebook 的「讚」按鈕會在色情網站上被點擊感到驚訝不已－我依稀聽聞過。

很容易捨不得將某個功能丟棄，因為有些使用者會用到。請抗拒這種誘惑。

每當有人點擊某個低劣功能時，他就不是在點擊某個更有用的東西。

90% 即所有人

如果你的設計非常有效，以致於絕大多數人都會做你希望他們做的事情，那就太棒了！

如果 90% 的使用者都知道可經由付費或註冊的方式而獲得升級，你的設計就很不錯。

如果 90% 的使用者沒有點擊任何東西就離開你的網站，那可是一件非常要緊的事情。

我沒看過 100% 的使用者都在做某事，除非有某種技術性錯誤存在，或者根本只有一個使用者。

機率不直觀

如果 10% 的人點擊你的登陸網頁，然後，80% 的人進行購買，這個設計好嗎？

實際上，不好。

很多人看到這個轉化率會說「哇！80% 的使用者進行購買哩！」

然後，整個團隊會去狂飲作樂、玩充氣城堡（inflatable castle），或者從事你的同事會採取的任何慶祝方式。

然而，身為 UX 設計師，你不應該參加那個聚會，事實上，你們正失去大約 90% 的潛在銷售額。

不過，你並非在結帳時失去它們，而是在登陸頁面處。

如果 40% 的人點擊登陸頁面，其中 40% 進行購買，你的實際銷售額會是先前的**兩倍**，即使你的轉換率只有**一半**。

$$80\% \times 10\% = 8\%$$

$$40\% \times 40\% = 16\%$$

幾乎與我合作過的每家公司都有這樣的問題，卻很少有人注意到，那實際上可能是**代價高達百萬美元的錯誤**。

結構 vs. 選擇

UX 設計有兩個面向能夠提供你神秘的結果：IA 和使用者心理。兩個看起來可能有些類似。

我們已經學到很多關於如何呈現資訊的知識，好讓更多人做出不同於平常的特定選擇。

然而，萬一看到很多人選取你不希望他們選擇的選項呢？

這樣的例子多不勝數，然而，這一課的目的不是要提供你一堆使用情節－只是要你體會一下，你的導覽或版面配置方式可能是披著心理學外皮的羊。

順序 vs. 吸引

你已經學會如何偏頗地處理內容，好讓某些選項看起來比其他選項更具吸引力。

如果使用者未選取那些選項，你可能做錯了，或者你可能以錯誤的順序配置版面。

在水平清單左側或垂直清單頂端的項目會得到較多點擊，因為它們是人們最先看到的選項。

網頁錨點（anchoring）只有在它是第一個選項時才有效，如果其他東西位在第一個位置，只因為先被使用者看到，很可能就會被點擊。

我看過某人的策略奠基於使用者最喜歡選項 #1 的假設，事實上，只有在使用者會先看到它時才成立。

內容注意 vs. 表面注意

你已經學會如何抓住使用者的注意力，並且盡量減少讓使用者分心的其他訊息。

那萬一每個人都喜歡你的網站，但沒有人仔細閱讀呢？

近來的趨勢是網站包含驚人的*視覺特效*，並且在你捲動頁面時輔以*動畫效果*，問題是：有時候，上下捲動比停下來閱讀更有趣。

那是**表面關注**（*surface attention*），我們想要的是**內容關注**（*content attention*）。

動畫與酷炫效果應該只是錦上添花，而非設計本體。切記，運動勝過一切，能夠吸引更多注意力，這意味著，人們會觀看移動的東西，而忽略不動的東西。

曾經試著閱讀移動的文字嗎？或許沒有，因為**目不暇給，眼花撩亂**。

運動（motion）與**視差效果**（parallax effect）吸引使用者的注意，引導他們做該做的事，而不是讓設計師在自己的異想世界裡窮開心。

階層與動機

我們已經學到，使用者心理關乎激勵使用者進行重要的操作，例如，註冊、購買、訂閱、升級等等。

如果你沒有將諸多流量導到你的轉換頁，可能是因為人們不想要註冊，或者，使用者根本無法到達那裡。

如果使用者點擊並且進入某個上頭沒有「註冊」按鈕的頁面，當他們熱切地想要註冊時，他們是不會往回走的。

結果就是遍尋不到按鈕。

鮮少使用者會提到它，因為那不是視覺的問題，而是商業的問題。

A/B 測試

使用者研究和使用者心理是預測使用者行為以及他們會做什麼的好方法，但我們不只想要預測，我們還想要把事情弄清楚。

讓我先稍微描繪一下畫面…

試想，你想要設計販售鞋子的網頁，當然，你希望賣越多越好，你覺得什麼因素促使更多人購買？

鞋子的影片？

在點擊「購買」之前先完成運送資料？

品牌標誌？

退款保證？

你如何抉擇？

如果你的第一個想法是「問使用者！」，那不是壞主意，但通常－當選項全部是主觀的－詢問使用者只能夠確認不同的人喜歡不同的東西。

那麼，你如何在主觀事項之間做決定，像個老闆那樣?!

設計一切！接著，同時發佈所有的選項，如 A/B 測試。

什麼是 A/B 測試？

A/B 測試是一種詢問數千或數百萬個真實使用者最佳選項為何的方法。

這些測試確保每個獨特的參訪者只能看到一個選項，接著，在參與測試的人員夠多之後，你就可以看到哪個設計版本產生比較多點擊。另外，在統計上，這種測試還應該量度「信賴水準」（confidence level），所以你知道何時完成（不致過早停止！）

你可以處理 2 個版本，或 20 個版本。切記：每個版本都只能被部分流量看到，所以測試的版本越多，需要的流量或時間就越多。

一些技巧

1. A/B 測試通常是免費的，除了設計及建立測試頁面需要花費一些時間，但結果可能非常寶貴，因此，即使需要一點成本，A/B 測試仍是非常值得的。

2. 這跟發佈新頁面，接著觀察新頁面是否比舊頁面好是不一樣的。比較兩個設計的**唯一**方法就是同時執行它們，經由數量大致相等的人員。

3. A/B 測試在僅改變一個細節時最可靠，如果兩個頁面相同，但一個具有紅色連結，一個具有藍色連結，那樣沒問題。如果它們還包含不同的選單，那麼，沒有辦法知道差別到底源自於連結的顏色，還是選單的設計。如果你想要測試多個變更，你需要進行**多元測試**（*multivariate test*，下一課！）。

4. 測試兩個完全不同的頁面，如主頁面與結帳表單，是沒有意義的，那樣並非合適的 A/B 測試。

多元測試

A/B 測試對測試特定設計變更來說很棒，但如果想要測試一個設計元素如何影響其他設計元素，你需要的是多元測試。

多元測試能夠測試變更的組合。

多元，或稱多變數（Multi-VARIATE，發音："multi-very-it"）

當你改變網頁或網站上的一件事情時，它會影響使用者如何思考其他事情，多元測試允許你測試不同設計元素之間的關係。

假設你的標題有三種選擇：

標題 1：「史上最棒的東西！」

標題 2：「史上最糟的東西！」

標題 3：「真的還可以！」

搭配這些標題的照片也有三種選擇！

圖像 1：小狗。

圖像 2：漢堡。

圖像 3：你媽媽。

聽起來不麻煩，看似 A/B/C 測試，對吧？

不！

問題在於：

任何標題都可以搭配任何照片，然而，取決於組合不同，使用者可能有不同的反應。

也許，有些人希望看到有史以來最棒的東西，但前提是照片顯示的是他們喜歡的東西。

也許，有些人喜歡看到有史以來最糟糕的東西，但前提是照片顯示的是他們討厭的東西。

或者，也許你的媽媽可以讓每一個標題都顯得更有效！天曉得？！

非常主觀，非常複雜。

你怎麼知道要使用什麼組合?!

解決之道就是多元測試。

多元測試比你想像的更難。

在此情況下，照片與標題有 **9** 種組合：

標題 1 搭配*照片 1*、*2* 或 *3*。

標題 2 搭配*照片 1*、*2* 或 *3*。

標題 3 搭配*照片 1*、*2* 或 *3*。

這些是需要你想破頭去比較的資訊，你絕對無法合理地猜測哪個組合會是最受歡迎的。

所以就別瞎猜了！

讓軟體隨機挑選標題和照片的組合，最後，它會告訴你，標題 2 與照片 3 獲得最高的點擊率，或者標題 1 與照片 1，或任何其他組合。

多元測試需要的流量超過 A/B 測試，因為有更多組合需要測試，但它們確實能夠產生有用的答案，若是使用 A/B 測試，事情可能變得非常棘手。

試試看！

A/B 測試有時是能夠知道事實的唯一方法

這本書包含很多心理學方法，你可以利用它們讓事情看起來或感覺起來更好，但萬一你必須在二、三個心理策略之間做選擇呢？

最終，你會面臨一種設計抉擇：心理學 vs. 心理學；動機 vs. 動機；情感 vs. 情感。

也許，你必須在為公司創造信任感與為產品創造信任感之間做選擇。

也許，你必須在為品牌創造獨特地位與建立品牌知名度之間做選擇。

也許，你必須在「享受」與「節省」之間做選擇－兩者都是利益！或者，真的是這樣嗎？

在那些情況下，幾乎不可能把你的決策奠基於理論之上，而且，要求使用者面對面並不是可靠的做法，除非你打算詢問 10,000 個人。

有時候，A/B 測試是把事情弄清楚的唯一方法。

設計並且發佈實驗，保持各個版本完全相同，除了你要探究的那個心理學細節之外。

比較結果，採行優勝的解決方案。

研究科學、信任科學、成為科學。

14

找份工作吧，你這個嬉皮

UX 設計師整天在忙什麼？

身為 UX 設計師，取決於你的個性，第一天工作可能令人興奮，也可能恐怖緊張，不過別擔心；完全可以預期。

通常，我會遲到，私人辣妹秘書會給我一杯心愛的香草拿鐵，而且，候客室擠滿人，希望我能夠「惠予」他們一些知識與意見。

然而，走進房間時，我會忽略他們一會兒，讓他們知道本人的重要性。我把腳翹到桌上，啜飲一口拿鐵，接著（如果想要的話），我會跟每個屬下談個五分鐘，讓他們有機會膜拜我的線框圖，親吻我的戒指，並且卑躬屈膝地退出房間，同時，一再鞠躬哈腰，連聲「打擾您了」。

這差不多是你期望的，對吧？

做夢比較快啦！

現實查核

身為專業的 UX 設計師，你會把大多數時間花在收集資訊上，或者對可能同意或不同意你的人們解釋一些事情。

UX 是任何團隊的重要價值所在，你會承擔很多責任，你的薪水可能反映出你的價值。另外，UX 也是不為大多數同事理解的角色，因此，你可能會覺得相當驚訝，他們怎麼那麼常想要你的輸入，而且／或者不仔細聆聽這番肺腑之言。

不同的 UX 職務是不一樣的

取決於你的客戶類型、專案類型、公司類型，以及公司的
資金充沛或拮据，你的時程表或行事曆會有變化，但既然
你問起，根據多年從事初創企業、代理機構和內部團隊的
經驗，奠基於那些不甚科學的分析，我可以告訴你，你的
時間可能耗費在這些地方。

內部會議（大多不必要）	30%
整理設計文件	10%
草圖／線框圖	10%
Facebook/ 內部聊天工具（Skype、Slack 等）	7%
討論需求與反饋	6%
「咖啡時間」	6%
看同事傳的搞笑視頻	5%
資料分析／研究	5%
與開發者討論設計	3%
向老闆／客戶展示你的深刻洞見	3%
意見分析	3%
做錯抉擇，應該說否卻說是	2%
凝視窗外，思考	2%
閱讀 UX 部落格	2%
覺得好像身處綠野仙蹤的世界	1%
進行面對面的使用者研究	1%
由非設計師微觀管理	1%
藝術性地表達你自己	0.99%
激烈地表達你自己	0.9%
讓人們同意，事實就是事實	0.5%
向同事吹噓你的薪水	0.5%
解釋為什麼「有機會贏得 iPad」是愚蠢的主意	0.1%
贏得獎賞	0.01%

哪個 UX 職務適合你？

所有 UX 相關的設計師都在處理相同類型的事情，但不同的工作聚焦在不同的領域，哪個職務最適合你？

如果你想要開啟一場激烈的爭論，那就走進一個滿是 UX 設計師的房間，並且詢問「UX 的定義是什麼？」，我保證，事情即將一發不可收拾。

UX 這個字就像「個性」（personality），每個人都知道它是什麼，直到有人試圖以具體用詞來定義它，才知道實在非常棘手，接著，看法開始分歧。

將此謹記在心，我也明白，初學者必須知道要尋找哪些職務，有哪些職務存在，以及哪些職務會讓你感到快樂。以下是關於 UX 角色非常簡要的概述，希望不會有人寄信恐嚇我。

UI vs. UX

首先，UI 和 UX 是非常不同的工作，如果你曾經看過某個職務的頭銜是 "UI/UX"，那就表示該公司不知道 UX 是什麼，或者，它試圖一魚兩吃，僅用一份薪水涵蓋兩個角色，當心！

使用者介面（UI）是你看到什麼，UX 是你為什麼看到它。

如果你比較喜歡建立美觀的 app，處理品牌經營與廣告行銷，或者設計標誌、小圖示及配色方案，使用者介面就是你想要處理的對象。

如果你對這本書的內容比較有興趣，UX 就比較符合你的風格。（但是，你大可兩個都學！）

通才 vs. 專家

你可能聽到 UX 設計師與招聘人員在談論「通用」的 UX（每件事都沾一點），或「專精」的 UX（聚焦在本課所描述的角色）。

在我看來，所有初學者都應該是**通才**，嘗試一切、學習一切，承擔任何人願意託付給你的責任。

從現在起五年內，當你相當擅長處理大部分 UX 時，你就能夠決定是否想要聚焦在某個特定區域。

資訊架構

資訊架構師主要處理內容與頁面的結構，在 app 與基礎網站之類的小型專案中，資訊架構（IA）不是什麼大工程，所以它不是獨立的角色。但在全球性企業內部網路的大型專案中，或者，維基百科、社群網路或大型政府歸檔系統之類的專案中，IA 可能是個大問題。

如果你的專案感覺起來像那樣，那麼，資訊架構師就是你需要的角色。

互動設計

互動設計（Interaction Design，IxD）是介面本身，但不需要考慮太多樣式問題。你可能不會處理太多 IA 的事情，而是更深入動畫、流程，及實際網頁的版面配置等相關細節。

互動設計通常跟前端編程或 UI 設計比較有關，因為很難思考其中一個，而不考慮另一個，因此，如果這聽起來就像你面臨的情況，那麼，互動設計師也許是你需要的角色。

UX

UX 是一個總稱，包含所有相關角色，如果你不想要聚焦，而且，寧可成為掌握整體圖像（*big picture*）的設計師，那麼，就把 UX 當作一種角色。有好長一段時間，我一直那樣做，但我還是偏愛把 UX 當作一種職稱。

相較於 IA 或 IxD 之類的專家角色，UX 設計師跟其他部門會有更多互動，因此，如果你更著重於產品整體，而非介面本身，UX 設計師可能比較符合你的風格。

UX 策略

很難以一段話解釋什麼是 UX 策略（UX Strategy），但可以把它想成行銷與 UX 的結合，這種定位在較大型的高科技公司或數位代理機構裡比較常見。在當中，產品與功能必須配合行銷計劃，而不只是解決現實世界的問題。

也就是說，如果你正在為販售酒精商品的公司打造 app，這比較偏向**策略面**，而非實用面，因為數位化並不會讓他們的美酒更香醇。當然，UX 還是要弄好，但是不太一樣。

如果你想要成為「流量成長駭客」（Growth Hacker），或者，如果你想要將 UX 融入行銷活動；或者，如果你想要成為比較不那麼技術型的 UX 設計師（但更行銷廣告導向），這或許都是你可以考慮的選項。

UX 研究

UX 硬幣的另一面（相對於 UX 策略）可能是 UX 研究（UX Research），這些研究人員更擅長進行面對面的用戶訪談，並且比我這樣的通才者多花很多時間處理相關的資料。

如果你喜歡分析，並且想要花更多時間解決現實世界的用戶問題－而且可能稍微比較科學派一點－這確實是很適合你的角色。

代理機構、組織內部或新創企業？

你服務的公司類型也會影響你的角色，正式來說，我建議你盡可能嘗試在各種公司工作，他們會教導你不同的事務。

代理機構

身為顧問，如廣告代理機構或 UX 代理機構（agency），你會看到更多專案，以及各種不同類型的專案。而且速度很重要，這表示，你會學得更快，事情可能更令人興奮，你的經驗也會更豐富，更加多樣化。

然而，在代理機構中，你只會花三到六個月的時間在一般專案上，而且通常不會有「第 2 版」，所以你沒有機會與產品共處一段時間，或者想得更長遠一些。

組織內部

如果你是公司內部團隊的一員，基本上會持續參與一個產品或一組產品，你會學習更深入瞭解那種使用者與那類產品，而且你可能會處理幾個版本。組織內部的團隊經常得「嘗試」更多事情，你會在 A/B 測試中學到很多個別的功能和戰術。

然而，組織內部的團隊傾向於長時間處理相同類型的工作，所以你的經驗不會那麼多樣化，而且你不會像在其他領域那樣地「深入」。

新創企業

在新創企業中，你會得到令人興奮的機會，並且可能對公司的各個部分產生相當程度的影響，因為這裡不會有很多設計師，你將承擔更多責任。有時候，最好的學習就發生在稍微有點吃力的情況下。

然而，在新創企業中，老闆可能沒有 UX 經驗，你必須自立自強，那表示，當一切順利時，你會得到更多榮耀，但若不小心，你也會毀掉這個產品。而且，你可能沒什麼錢可以花，所以只要不是「免費」的都嫌貴，那是比較困難的狀況。然而，如果創意十足，在此也很可能孕育出你的最佳想法。

UX 資歷

相對來說，**UX** 還是新玩意兒，非設計師很難理解，找工作時，你必須好好說明一下。

記住：別人並不瞭解 UX。

在你應徵 UX 職務的過程中，一般的「老闆」其實不太瞭解 UX，或者，至少你應該這樣假設。

首先，說明你在做什麼或者你對什麼責任有興趣，或許，闡述一下你相信自己即將為公司增加什麼價值，也不失為一個好主意。

如果你的未來老闆是 UX 精靈，他們會欣賞你的清楚明晰，並且能夠花時間以簡單的方式解釋 UX 的意涵。

如果你的未來老闆是普通人，這將有助於他們瞭解應該詢問你什麼，以及你的 UX 履歷（或作品集）為何未包含大量的「漂亮玩意」。

述說簡短、具象的故事

UX 履歷沒有閒功夫顯示大量的漂亮螢幕截圖，如果你**有辦法**弄出性感的介面，那樣也不錯，如果不行，那麼，你必須說故事，講清楚你完成了哪些豐功偉業。

保持簡單明瞭，如果老闆想要知道細節，他們可以在面試過程中詢問你。就現在而言，請解釋清楚你做過什麼、為何那樣做、如何研究它，以及必須處理哪些限制。

而且，即使 UX 無關樣式，**應該還是有一些具象的東西要展示**：草圖、線框圖、分析螢幕截圖（analytics screenshots）、網站地圖、前後設計（before-and-after design）等等。

顯示過程！教導他們你所做的事情！

聚焦於問題、洞見和結果

如果你聚焦於圖像，就會給老闆一種你主要是在處理圖片的印象，所以千萬別那樣做。

你做的每一個專案都可以被歸結為你透過研究所發掘的問題、有證據支持的解決方案、關於使用者的資料與巧妙洞見，以及那個解決方案的結果－希望是好結果。

如果能夠證明你可以透過理解使用者讓事情**運作**得更好，就會立刻顯現你對組織的價值，不管你的經驗是否豐富。

沒經驗？想辦法弄一些！

不像大多數職務，沒有真實的工作或客戶也可以弄出基本的 UX 資歷，其實並不難。

進行案例研究：以著名的產品或網站為例－或許，甚至是你想要為它效命的產品或網站－請一些真正的人們來操作，同時進行觀察、構思想法、解決你所發掘的一些問題，或者設計 A/B 測試、進行實際的調查、解釋所有的推論、顯示你的成果，並且為最終的解決方案建立線框圖。

解決真實的問題：設計行動 app，解決你在現實世界中看到的問題，不必是全尺寸的新創投售簡報（startup pitch）…。只要證明你能夠自行構思解決方案，那對潛在的未來老闆可是非常具有吸引力的。

以 A/B 測試試驗你的網站：有自己的部落格或個人網站嗎？你應該要有的，Google Analytics 允許你免費進行 A/B 測試，使用一種稱作 Content Experiments 的產品，做一些測試，看看發生什麼事，然後，把測試結果放進你的 UX 履歷中。

做自己

不要害怕添加些許個人色彩！當雇主坐著閱讀 100 個設計工作應徵者的資料時，沒有什麼比見到某個看似聰明且獨特的人來得更有趣。

有部落格？連結它吧！

攝影作品？秀一些吧！

你的背景讓你擁有獨特的觀點？記得好好提一下！

沒有人期望新手擁有很多經驗，讓他們知道你是聰明機靈、有能力解決問題，以及你確實願意做這份工作；剩下的就只是一些細節。

我們已經來到本書的尾聲，整整 100 堂課！大功告成！

對 UX 來說，90% 關乎你怎麼想，10% 關乎你設計什麼，如果你已經好好讀過每一課，確實理解內容，並且覺得好像可以將它們應用到真實的產品，那就已經做得很好了。

我花了不少時間冷嘲熱諷，然而，UX 確實是我的熱情所在，希望這本書真的發揮效果，讓我更容易與你分享滿腔的熱血。

歡迎隨時光臨我的 Twitter：
@HipperElement

我也撰寫一些關於 UX 的部落格文章，並且分享一些最美好事物的連結：
www.TheHipperElement.com

感謝您的閱讀，祝您好運，前程似錦！

索引

A

Absolut Vodka, readability of label on（標籤的可讀性）, 180

A/B tests（A/B測試）

  about（關於）, 217–218, 221

  collecting user data with（收集使用者資料）, 195

  finding problems with（尋找問題）, 203

accessibility（可及性）, usability and（可用性）, 168–169

accountability（責任）, creating trust and（建立信任）, 107

adaptive design（適應性設計）, 150

addiction（成瘾）, conditioning and（制約）, 99–101

affiliation（從屬關係）, as motivation（動機）, 36, 40

agency consultants（顧問）, 229

air/water/food（空氣/水/食物）, as motivation（動機）, 35

alignment（對齊）, in visual design（視覺設計）, 121

analysis（分析）, as ingredient of UX（UX的成分）, 5

analytics（分析）, 194–195

anchoring（錨定）, 72, 215

animation（動畫）

  motion and（動作）, 123

  visual effects and（視覺效果）, 215–216

appeal vs. order（吸引vs.順序）, 215

B

apps, flows of（流程）, 91

Ariely, Dan, Ted Talk about decision-making（關於決策的Ted演講）, 75

associations（關聯）, 98

attention of users（使用者的注意）, getting, 76–77

average person（一般人）, 193

axis of interaction（互動軸）, in layouts（版面配置）, 143–144

back button（後退按鈕）, users using, 92

bad UX vs. good UX, 166

bandwagon effect（攀比效應）, 72

bar graphs（長條圖）, 196

beauty, usability and（可用性）, 159

behavior（行為）, shaping（形塑）, 100

beliefs（相信）, user（使用者）, 29

big text, getting attention of users with（獲得使用者注意）, 76

blog（部落格）, UX, 231

bounce rate（跳出率）, 211

brand vs. UX copywriting（品牌vs. UX文案撰寫）, 172–173

browsing（瀏覽）, usability and（可用性）, 162

business（商業）

  goals aligned with user goals（目標與使用者目標一致）, 14–15

  process and UX designer process（流程，UX設計師流程）, 16–17

C

buttons（按鈕）, 92, 148–149, 176, 182

Call-To-Action（CTA）formula（行動呼籲公式）, 174–175

card-sorting（卡片分類法）, in user research（使用者研究）, 56, 62–63

categories（分類）, information architecture type（資訊架構類型）, 87

champions（冠軍）, choosing（選擇）, 43

choice（選擇）

  illusion of（幻覺）, 74–75

  structure vs.（結構）, 215–216

classical conditioning（古典制約）, 99

clicks, not counting in flows（流程）, 91

closed/direct questions（封閉/直接的問題）, 55

closing deal, during interaction（persuasion formula，說服力公式）, 182

cognitive biases（認知偏差）

  hyperbolic discounting in（雙曲貼現）, 80–81

  in questions（討論的）, 72–73

cognitive load（認知負荷）, usability equals（可用性等於）, 158–159

color（色彩）

  getting attention of users with contrast（吸引使用者注意，對比）and, 77

  in visual design（視覺設計）, 114–115

  wireframes and（線框圖）, 130

UX 從新手開始｜使用者體驗的 100 堂必修課

作　　者：Joel Marsh
譯　　者：楊仁和
企劃編輯：蔡彤孟
文字編輯：江雅鈴
設計裝幀：陶相騰
發 行 人：廖文良

發 行 所：碁峰資訊股份有限公司
地　　址：台北市南港區三重路 66 號 7 樓之 6
電　　話：(02)2788-2408
傳　　真：(02)8192-4433
網　　站：www.gotop.com.tw
書　　號：A486
版　　次：2016 年 10 月初版
　　　　　2022 年 05 月初版二十三刷
建議售價：NT$480

讀者服務

● 感謝您購買碁峰圖書，如果您對本書的內容或表達上有不
清楚的地方或其他建議，請至碁峰網站：「聯絡我們」\「圖
書問題」留下您所購買之書籍及問題。(請註明購買書籍之
書號及書名，以及問題頁數，以便能儘快為您處理)
http://www.gotop.com.tw

● 售後服務僅限書籍本身內容，若是軟、硬體問題，請您直
接與軟體廠商聯絡。

● 若於購買書籍後發現有破損、缺頁、裝訂錯誤之問題，請
直接將書寄回更換，並註明您的姓名、連絡電話及地址，
將有專人與您連絡補寄商品。

國家圖書館出版品預行編目資料

UX 從新手開始：使用者體驗的 100 堂必修課 / Joel Marsh
原著；楊仁和譯. -- 初版. -- 臺北市：碁峰資訊, 2016.10
　　面；　　公分
譯自：UX for Beginners
ISBN 978-986-476-229-3(平裝)
1.系統程式　2.電腦程式設計
312.53　　　　　　　　　　　　　　　105019361